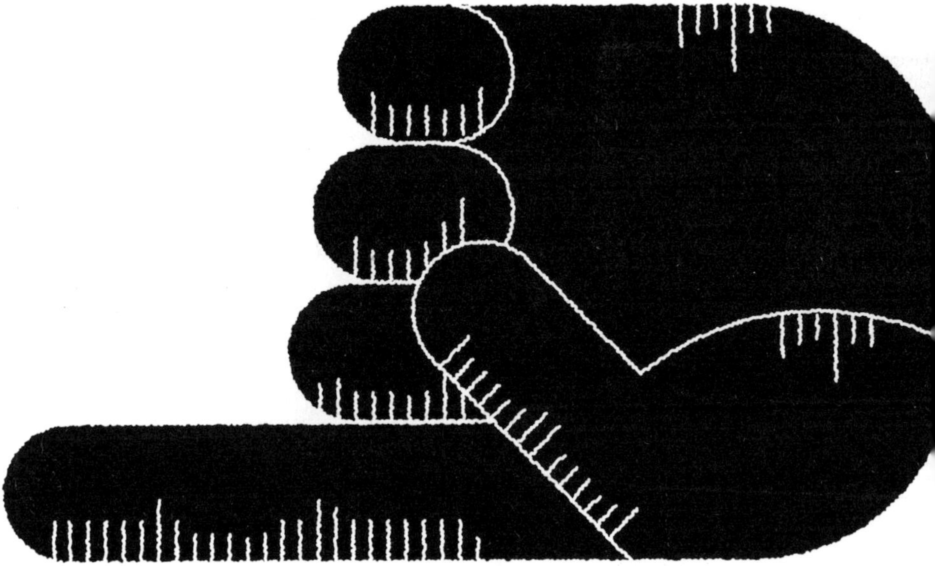

GUT FEELINGS
The Intelligence of the Unconscious

直觉思维

[德] 格尔德·吉仁泽 / 著

余莉 / 译

GERD GIGERENZER

北京联合出版公司
Beijing United Publishing Co.,Ltd.

第一部分　无意识的智慧

第一章　答案就在你心里 3

　　心灵的选择　4

　　地理盲也有春天　7

　　赢在不思　9

　　只因在人群中多看了你一眼　14

　　最佳权衡　17

第二章　少即是多 23

　　遗忘的好处　24

　　从小事做起的重要性　27

在什么情况下投资直觉比最佳选择更有用　29

零选择晚餐　33

最先出现的往往是最好的　36

有时候，并不是越多越好　40

第三章　直觉如何快速决策　43

大脑安排事情　44

无意识推理　46

是什么让直觉起作用　51

"以牙还牙"的人类行为　53

第四章　大脑的神奇进化　59

进化的能力　64

适应性工具箱　66

适应性目标　69

人类直觉和机器直觉　70

人类直觉和大猩猩直觉　71

男人和女人的直觉　75

第五章　世界如此混乱，不如简单应对　81

沙滩上的蚂蚁　81

老鼠走迷宫　82

企业文化　84

环境结构　86

不确定性　87

适应不确定性很简单　88

是否存在完美的解决方案　94

游　戏　95

第六章　为什么好的直觉没有逻辑　101

连锁店悖论　109

好的直觉会超越逻辑　111

第二部分　无意识的行为

第七章　信专家不如信自己　117

认知记忆　120

谁会胜出　122

个人的无知如何产生集体智慧　128

少即是多效应　130

在什么情况下遗忘是有益的　135

什么时候应追随最无知的人　136

根据品牌购物　137

违背名字识别的决定　141

第八章　好的理由，一个就够了　143

交配选择　144

单向选民　148

序列决策　153

设计我们的世界　161

第九章　简洁能救命，复杂能致命　167

医生能相信病人吗　168

病人能相信医生吗　170

医生的两难境地　175

如何改善医生的判断　177

去不去重症监护病房　179

第十章　道德行为不能推理　189

普通人　189

器官捐献者　192

理解道德行为　195

虽然不知道为什么，但我知道它是错的　200

　　　道德机构　204

　　　快乐微积分　211

　　　交易是不道德的吗　215

第十一章　无知者无畏　219

　　　本能的直觉　221

　　　信　任　226

　　　模　仿　229

　　　文化变革　232

致　谢　242

出版后记　245

GUT FEELINGS

第一部分　无意识的智慧

> 我们知晓甚多，却无以言表。
> ——迈克尔·波兰尼（Michael Polanyi）

第一章
答案就在你心里

心灵有自己的逻辑，理性对此一无所知。

——布莱士·帕斯卡（Blaise Pascal）

我们以为智慧是一种按照逻辑规律运行且有意识的活动。然而，我们的大多数精神生活都是无意识的，而且往往背离了逻辑，比如第六感和直觉。我们进行体育运动靠直觉，结交朋友靠直觉，甚至买哪一款牙膏，或是从事其他重要的活动时也靠直觉：我们会爱上一个人，我们认为道琼斯股票会上涨。这本书要解决的问题是：这些感觉从何而来？我们又如何得知？

凭直觉能做出最好的决定吗？这样想似乎有些幼稚，甚至可笑。数十年来，一些关于理性决策的书籍和咨询公司都在宣扬"三思而后行"或者"谋定而后动"。注意，要认真地思考和分析，要掌握全方位信息，全面参透优势与劣势，根据概率认真权衡其可行性，最好精心制作一个统计软件包。然而，人们往往不按这样的计划推理，本书的作者也概莫能外。一名哥伦比亚大学的教授正在犹豫是否跳槽到竞争对手那里，这时，他的同事把他拉到一边，说："使你的期望效用最大化——你不是经常这样写吗？"教授被惹恼了，回答道："别开玩笑，这次可是认真的。"

从经济学家到心理学家，甚至普通民众，大多数人都认为，拥有无尽知识和永恒时光的完美个体是不存在的。然而，他们却认为，抛开这些界限，多用逻辑去思考，我们可进行最佳选择：我们或许不会面面俱到，但我们确实应该这样。

本书中，我将邀你一道探索理性的未知领地，那里生活着如你我一样的人们，他们有的无知，有的时间有限，有的则前途未卜。这一领地并非学者们笔下所描述的，他们更喜欢描述这样的领地：启蒙的阳光照射之下，逻辑和概率就是那一束束光线。然而，我们要探索的领地却笼罩在不确定性的迷雾中。在我的故事里，思维的"限制因素"恰恰可以成为它的力量。直觉，意指思维如何凭借无意识、经验法则和进化的能力去适应，去绕开弯路。奇怪的是，现实生活中的法则与逻辑性、理想化世界的法则大不相同。并不是信息越多、思考越多就越好，有时候甚至越少越好。准备好一睹风采了吗？

心灵的选择

我的一位好友（就叫他哈里好了）曾同时谈两个女朋友，

而且两个女孩子都让他倾心不已。可是,不能脚踏两只船呀,他纠结在矛盾的情感中,无法做出选择,他突然想起本杰明·富兰克林给他侄子的建议,当时他的侄子也面临着同样的情况:

1779 年 4 月 8 日

如果你心有疑惑,不妨在一页纸上分两栏写下支持或反对这项事情的理由,先思考几天,然后像解决某些代数问题一样进行运算,看看这两栏上的哪些原因或动机是同等重要的,如果两栏支持或反对的理由恰好各擅胜场,就把这两项一起删除,以此类推,当你把两栏中同等重要的理由都找出来,并抵消删除,你就会发现哪一栏更具优势……我遇到重要却没有把握的问题时,经常使用这种资产负债表法,尽管从数学层面上讲,它不是非常精确,可在我看来,这种方法确实很有用。顺便说一下,你要是学不会这种方法,我很担心你永远结不了婚。

你亲爱的叔叔
本杰明·富兰克林

知道有一个逻辑公式可以解决这种矛盾,哈里如释重负。于是,他把所有能想到的重要原因写下来,认真权衡,然后开始计算。当他看到结果时,意想不到的事发生了:心底有一个声音在告诉他,这个答案不对。哈里生平第一次意识到自己的心已经做出了决定——这个决定与计算的结果相反,他爱的是另外一个女孩。通过计算，他确实找到了答案，但他之所以能找到答案，并不是因为这种办法本身的逻辑。这种办法基于一些他自己都不清楚的理由，他自己对此都颇为迷惑。

哈里很庆幸自己突然找到了答案，可他对这个过程却十分不解，他心想：怎么会有这样与有意的推理相矛盾的无意识的选择呢？他并不是第一个发现推理会与直觉相悖的人。社会心理学家蒂莫西·威尔逊和他的同事们向两组女人发送海报，以示对她们参与实验的感谢。其中一组，每个女人只是从五张海报中径自选择了自己最喜欢的一张；而另一组在选择前会被问及喜欢或不喜欢的原因。有趣的是，两组人带走的海报是不一样的。四星期后，她们被问及是否喜欢自己的礼物。相比那些直接带走礼物的人，那些被问及原因的人对礼物的满意度较低，甚至为自己的选择后悔。类似的实验表明，有意识的理性思维似乎会让我们做出不太满意的决定，就好比我们有意去想如何骑自行车和如何自然地微笑，其效果往往不及我们无意识行为的效果。我们大脑中那无意识的部分会在我们（意识本身）不明缘由的情况下做出决定，或者，正如哈里一样，一开始我们甚至不知道自己已经有了决定。

可是，自我反思的能力是否与生俱来，因而也同样有用？或者，去探索思考才是人类的本性？弗洛伊德将自我反思作为一种治疗方法，而决策顾问们则将富兰克林的"资产负债表法"的现代版作为理性工具。可证据表明，权衡利弊并不能让我们高兴。在一项研究中,调查者询问了人们的各种日常活动,比如晚上看什么电视节目、去商店里买些什么。他们是否拿着遥控器按完所有频道,不断寻找更好的节目?或者,他们会不会突然停止搜台,去看一个还算不错的节目?那些在买东西或看电视时精挑细选的人叫作"完美者",因为他们力求找到最好的。而那些在小范围内选择,很快做出选择并对自己的选择表示满意或认为"这个选择还不错"的人就叫作"满意者"。据调查,"满意者"们更为乐观,自尊心更强,对生活的满意度也更高;而"完美者"则更忧愁,更完美主义,更容易后悔和自责。

地理盲也有春天

假如你参加一档电视游戏节目。你凭借聪明才智接连闯关,战胜其他所有选手,就等着回答那一道奖金为一百万的题。题目如下:

底特律和密尔沃基,哪一个城市的人口多一些?

天哪,你的地理就没学好过。时钟嘀嗒嘀嗒在响。除了那些爱追根究底的人,很少人知道确切答案。这时,已不可能理智地推理出答案,你不得不用上所有知识,努力去猜。你或许会想到,底特律是工业城市,是美国的汽车城和汽车产业的发源地。然而密尔沃基也是工业城市，以其啤酒产业著称，你可能还会想到埃拉·菲茨杰拉德（Ella Fitzgerald）[①]在歌里唱到她那来自密尔沃基的、声音沙哑的表姐。根据这些，你能得出什么结论呢？

我和丹尼尔·戈德斯坦（Daniel Goldstein）就这个问题问了一个美国班的大学生，其中，40%说是密尔沃基，剩下的认为是底特律。接着，我们又问了同水平的德国班学生。几乎每个学生的答案都是正确的：底特律。人们也许会据此得出结论：德国学生要聪明一些，或者至少他们更懂美国地理。其实不然。他们根本不了解底特律，有许多人甚至没听说过密尔沃基。于是，那些德国学生不得不依靠他们的直觉，而不是理智。那么，这惊人的直觉背后有什么秘密呢？

答案再简单不过。德国学生运用了经验法则之再认启发法：

> 如果你知道其中一个城市的名字，不知道另一个城市的名字，那么，你就会推断前者的人口更多。

美国学生无法使用这种经验法则，因为两个城市他们都听说过。他们知道得太多。大量的事实混淆了他们的判断，使他们无法找到正确答案。这时，适当的无知反而十分可贵，当然，

[①] 美国歌手，被公认为20世纪最重要的爵士乐歌手之一，她有一首歌叫《我的密尔沃基的表姐》。

只靠名字识别也未必完全正确。比如，日本游客在没听说过比勒菲尔德市的情况下，可能错误地认为海德堡市要大一些。尽管如此，在大多数情况下，这个原则都能得出正确答案，而且比一大堆知识有用得多。

再认启发法不仅在解决这个问题上有用，人们在购买某种产品时也会依靠它，他们会选择自己知道的品牌。反过来，企业也会利用消费者的启发法，或经验法则：投资一些信息含量颇低的广告，唯一目的就是增加品牌的知名度。选认识的路走，这种本能在自然界也具有生存价值。还记得苏斯博士的著名绘本《绿鸡蛋和火腿》[①]吗？你难道不会选择稍微熟悉点的品种吗？选择熟悉的食物，你既摄入了足够的卡路里，又不必浪费时间冒险去试探绿鸡蛋和火腿是否不可以食用，甚至是有毒的。

赢在不思

在打棒球或板球时，球员如何接住一只在空中飞行的球？如果你问一个专业的球员，他可能眼神空洞地看着你，说自己从没思考过。我有一个名叫菲尔的朋友在地方队打棒球。他的教练经常骂他懒，因为菲尔和其他人一样有时会朝球落下的地方小跑过去。教练认为菲尔这是在冒不必要的风险，并坚持让

[①] 苏斯博士（Dr. Seuss），20世纪最卓越的儿童文学家、教育学家。《绿鸡蛋和火腿》是苏斯博士创作的系列初级阅读绘本之一，这本书仅用50个单词写成一个故事，涉及容易引起孩子共鸣的话题——要不要尝试新食物。

他尽量跑快,以便在最后一刻进行必要的调整。菲尔于是觉得自己陷入了两难。他和队友们为了不让教练发火,全速跑过去,这样反而更容易失球。到底是什么地方出了问题呢?作为一名外野手,菲尔已经有几年的运动经验,却从不知道自己是怎么接住球的。相比之下,他的教练有一个理论:他让球员凭直觉计算球的轨迹,他认为最好的策略是以最快的速度朝球的落点跑去。不然还能怎么做呢?

菲尔的教练并不是第一个主张计算轨迹的人。理查德·道金斯在《自私的基因》(*The Selfish Gene*)一书中写道:

> 一个人把球抛到高空中,再接住它,仿似他是通过一系列微分方程算出了球的轨迹,他可能根本不知道或不在意什么是微分方程,可这并不影响他的球技。潜意识里的某些功能替你做了数学运算。

计算球的轨迹并不简单。理论上讲,球的轨迹是抛物线。为了选择正确的抛物线,球员们就得在大脑中估计球的初始位置、初速度和投射的角度。而在现实生活中,球要受空气阻力、风和自身旋转的影响,会偏离抛物线。如此一来,大脑还需计算球飞行轨迹每一瞬间的风向,以此计算球落地的最终路径和最终点。所有的这些计算要在几秒,也就是球在空中的时间内进行。这是一种标准化的说法,是大脑用一套复杂的流程解决

图 1-1　如何接住一只在空中飞行的球
球员们依靠无意识的经验法则。当球飞上天时,球员注视着球,然后开始奔跑,同时调整自己跑步的速度,使注视的角度保持不变。

复杂问题的一贯做法。然而,面临实验性的检测时,结果表明运动员们往往不能正确估计球的落点。如果他们估计正确,也就没有人为了追球而撞到墙上、跑进休息区,或者跃入观众席了。很明显,是其他因素在起作用。

有没有一种简单的经验法则可以帮助球员们顺利接到球?实验研究表明,有经验的球员使用了几类经验法则,其中之一便是注视启发法,当球已经飞上高空时就可以使用这种模式:

> 将你的视线固定在球上,开始跑,同时调整你跑步的速度,使注视的角度保持不变。

注视的角度就是我们的眼睛和球两点成线和地面形成的夹角。使用这一法则的球员就不需要测量风、空气阻力、旋转和其他相关变量了，所有的相关变量都包含在一个变量中：注视的角度。需要注意的是，注视启发法不能计算出球的落点，可它能将球员引向落点。

如之前提到的，注视启发法适用于球在空中飞行的时候。若非如此，球员们只需改变他们战略"三拼图"中的最后一个拼图：

> 将你的视线固定在球上，开始跑，同时调整你跑步的速度，使球的影像以恒定的速度上升。

人们可凭直觉发现其中的逻辑。如果球员看到球从打击点加速上升，那么他最好后退，因为球将会在他当前位置的后面着地。然而，如果球是减速上升，那么他就应该往前跑。如果球以恒定的速度上升，那么球员就可以待在原地。

如此，我们就能明白球员如何不经思考就能接住飞行中的球，也知道是什么造成菲尔的困境了。尽管教练错误地认为球员应该计算轨迹，可事实上，他们无意识地使用了一个限定跑步速度的简单经验法则。因为菲尔不明白自己为什么会那么做，所以他无法为自己辩护。可见，不懂经验法则会导致不良后果。

哪怕注视启发法再简单，大多数外野手都不曾意识到它。

一旦有了这个原理,就会出现一种直觉,当然,这种直觉是可以习得的。假如你学开飞机,有人会教你用这个规则:一旦有另一架飞机接近,你害怕发生碰撞,这时,你可以查看挡风玻璃上的一道刮痕,观察另一架飞机是否相对那条刮痕在移动。如果不是,立即改道。一名优秀的飞行指导员不会让学员计算飞机在四维空间(包括时间轴)的轨迹并估计另一架飞机的轨迹,从而判断两者是否相交。否则,飞行员可能无法在碰撞发生之前算出或意识到事故的发生。简单的规则往往不可轻易估计或计算误差,它应该是凭直觉就能看清的。

启发法及其相关规则能解决一系列包括拦截运动物体在内的问题。在球赛和追击运动中,它竭力促成碰撞;而在飞行和航行中,它尽力避免碰撞。在人类历史上,拦截运动物体是一项重要的适应性任务,从其进化起源——比如狩猎开始,再到球赛,我们很容易将启发法推广开来。当然,拦截的技术因种类而异。从鱼类到蝙蝠,许多生物天生具有追踪飞行物的能力,它们能够追踪一个在三维空间中飞行的物体,这就构成了注视启发法的生物前提。硬骨鱼捕食的时候,会让自己的运动路线与捕食目标之间保持恒定的角度。此外,在交配的时候,公食蚜蝇也是这么拦截母食蚜蝇的。另外,狗在追飞盘的时候,也有着和外野手同样的直觉;飞盘会在空中曲线飞行。人们进行了一项研究,将微型相机置入西班牙猎犬的头上,结果表明,猎犬在跑的时候,会使球的影像呈直线运动。

有趣的是，尽管注视模式是在无意识情况下发生的，但其中一部分也属于大众智慧。比如，美国参议员拉斯·费恩格德曾发现，只要基地组织开始活跃，布什政府就向伊拉克施加压力，他说："我想请问你，沃尔福威茨部长，你确定我们的注意力集中在球上了吗？"要注意，注视启发法并不适用于所有的拦截问题。如众多球员所说，最难接住的往往是直接砸向你的球，因为在这种情况下，经验法则根本不起作用。

运用注视启发法可轻易解决一些复杂的问题，比如，及时接住球，而在这点上，机器人是无法与人类相比的。这种方法忽略了一切与计算球的轨迹相关的信息，它只注重一条信息，那就是注视的角度。其原理非常简单，就是根据递增变化来判断，而不是先计算出最佳方案，再依此执行。有的公司在决定年度预算时也会根据反馈而变化。在我所工作的马克斯·普朗克协会，我和我的同事们在制定年度预算时，只是对去年的预算做小小的调整，而没有重新拟订预算。无论是运动员还是商业管理者，都不需要去计算球或商业的轨迹。直觉得出的"捷径"往往能让他们达成某事，而且很少犯严重的错误。

只因在人群中多看了你一眼

丹·霍兰（Dan Horan）是一名警察，尽管从事这行多年，但是仍然充满了激情。他蹲守在洛杉矶国际机场，寻找毒贩的踪迹。毒贩们带着成千上万美元现金到达洛杉矶国际机场，然后转飞到美国的各个城市，将买来的毒品分发出去。一个夏天的夜晚，机场的候机大厅内挤满了准备登机和接机的人，霍兰就在拥挤的人群中走动，寻找可疑人员。他穿着短裤和POLO衫，POLO衫的开口设计刚好让衣服的下摆遮住他的手枪、手铐和对讲机。没有经验的人丝毫察觉不出他是一名警察。

忽然，一个女人出现在他的视线里，她从纽约肯尼迪机场来，身后拖着一个黑色拉杆箱，箱子的颜色是当下最流行的。她不但经验丰富而且非常谨慎，她刚走出出口20步就与霍兰四目相对。那一瞬间，两人都隐隐觉察到了对方来机场的目的，而且他们的直觉都是对的。霍兰并没有跟着她走下电梯，而是用对讲机通知他那等在候机厅里的搭档。从外表上看，霍兰和他的搭档相差甚大。霍兰才四十出头，胡子刮得很干净，而他的搭档已经五十好几了，胡子拉碴。然而，当那个女人穿过旋转门朝托运行李处走去时，仍然不到十秒就从人群中发现了霍兰的搭档，并识破了他的身份。

那个女人走出候机厅时，外面停着一辆福特探险者，一个男人从车上下来，走向她。那女人和他简单说了几句，似乎是提醒他有人在监视，然后转过身去。接着，那个男人回到车里，随即开车走了，只剩她一个人面对警察。

这时，霍兰的搭档走到那个女人跟前，出示了警官证，然后检查她的机票。她尽力微笑，还一边与警察闲聊，以掩饰自己的不安；可是，当警察问及她箱子里装的东西时，她做出一副被欺辱的样子，不同意搜查她的行李。由于她反应强烈，警察给她铐上了手铐，几分钟后，警犬在她的箱子里发现了毒品。法官下达搜查令后，警察打开箱子，发现里面有二十万美元现金。据那个女人交代，这些钱是用来购买大麻，然后运到纽约出售的。

霍兰是如何凭借直觉从几百人中认出这个女人的？他也不知道。他能在人群中发现她，却说不出她到底有什么可疑的地方。他是如何从她的外表判断出她就是毒贩的？霍兰也是一头雾水。

尽管霍兰的直觉能在工作中帮到他，可是法律制度并不接受直觉。美国法庭往往忽视警察的直觉，要求他们明确具体事实，才允许他们搜查、审问或抓捕。即便警察凭借直觉拦下一辆车，找出非法毒品或枪支，并将这些情况上报，法官们还是驳回了申请，说，"仅凭直觉"不足以构成搜查的理由。他们要保护市民的人身自由，禁止任意搜查。可是，他们坚持以事实为依据的做法忽视了这一点：好的判断意见往往具有直觉性的特点。结果，当警察在法官面前举证时，他们已经学会不用"预感或直觉"这一类的词，而是呈现"客观"的原因。否则，根据美国法律，所有跟在直觉之后的证据都会被否定，如此，嫌疑人也可能被判无罪。

许多法官会谴责警察们的直觉，可他们却相信自己的直觉。一名法官曾对我说："我不相信警察的直觉，因为那不是我的直觉。"同样，检察官们也会先发制人，毫不犹豫地怀疑某个陪审员，因为她戴着金饰，穿着T恤，或看上去不太阳光，从这些可以看出，她的爱好可能是吃喝打扮看电视。为避免出错，法律需要调查警察直觉的品质，也就是警察在查案时是否能成功。在其他行业，人们也是根据表现，而不是对其表现的事后说明来评价专家的能力。国际象棋大师、职业棒球运动员、获奖作家和作曲家就说不清自己是如何完成工作的。许多技能是无法用语言描述的。

最佳权衡

直觉真的存在吗？前面四个故事表明，答案是肯定的，而且外行、里手都要依靠它们。直觉能解决的问题多不胜数，以上这些不过是九牛一毛：选择伴侣、猜测复杂的问题、接住飞行中的球和侦查出毒贩。在更多的时候，直觉就是人生的方向盘。事实上，意识的火焰所在的大脑皮层装满了无意识的流程。认为智慧必须是有意识的，这种看法是错误的。对于自己的母语，一个人可以立刻说出某个句子的语法是否有误，可很少人能说清其中的语法法则。我们所知道的比我们所能言传的多。

让我来告诉你什么是直觉。感觉、直觉和预感这几个词语会交替出现，实际上表示一种基于以下特征的判断：

1. 迅速出现在直觉中的。

2. 我们意识不到它的深层运行机制。

3. 强烈实现的动机。

可是，我们能相信自己的直觉吗？要回答这个问题，我们得将人分为悲观主义者和乐观主义者。一方面，西格蒙德·弗洛伊德警告过我们，"对直觉抱有期待的幻觉"；许多当代心理学家抨击直觉，说它有系统上的缺陷，因为它忽略了知识，违背了逻辑法则，而且是许多人祸的起因。除了这种否定之说外，我们的教育体系也没有赋予直觉的艺术以价值。另一方面，普通大众通常相信自己的直觉，同时，一些流行书籍也大肆宣扬迅速认知的魔力。如此乐观看来，人们往往知道要做些什么，哪怕不了解其中的原因。乐观主义者和悲观主义者最终都会认为直觉往往是好的，除开直觉不好的时候——这个观点是正确的，但是却于事无补。于是，真正的问题不是我们是否该相信直觉，而是什么时候该相信它？为找到这个答案，我们首先必须弄清直觉是如何起作用的。

直觉中蕴含的基本原理是什么？直至最近，这个问题的答案尚未可知。一些杰出的哲学家认为，直觉是神秘的、无法解释的。那么，科学能解开这个秘密吗？或者说，直觉是不为人理解的吗——上帝的声音、幸运的猜测或是第六感等超越科学解释的极限？我在本书中要说的是，直觉并非冲动与随想，它有其自身的原理。请让我首先向你说明这个原理并非什么。有些实验表明，与直觉相比，有意的推理反而导致更差的结果，比如之前的海报实验，于是，一个大的疑问出现了：决策论中的"圣经"——富兰克林的资产负债表法为什么不起作用？研究人员不去挑战神圣的权威，而是如此推断：直觉无意识地运用了资产负债表法，它用到了所有的信息，且经过了最佳的权衡，而有意识的思维却无法做到这些。好的选择往往基于复杂的利弊权衡，如此才能确定。但是富兰克林的资产负债表法并不是我所认为的直觉，而且，复杂也不总是好的，这点我们很快就会看到。

那么，直觉是如何起作用的呢？其中的原理包括两个部分：

1. 简单的经验法则。
2. 大脑的进化能力。

这里，我使用通俗的"经验法则"代替科学术语"启发法"。经验法则与权衡利弊的资产负债表法大相径庭，它只瞄准最重要的信息，而忽略其他信息。对于前面那个价值一百万美元的问题，我们也知道其中的原理：是认知启发法在起作用，它有趣的地方在于利用了人们一部分的无知。而关于接球，我们已经知道其中蕴含了注视启发法的原理，它忽略了与计算球的轨迹相关的所有信息。这些经验法则使我们能够快速行动。两种方法都充分利用了大脑的进化能力：认知记忆和记录移动物体的能力。这里的进化一词，并不表示某种纯粹是先天所赐或后天培养而成的技能,而是自然赋予人类某种能力,人类经过扩展练习将它变成才能。若没有这种进化能力,这些简单的法则将不能胜任这项工作;若没有法则,仅凭能力也无法解决问题。

迄今为止,对直觉的本质有两种理解。其一是从逻辑的角度来看,认为直觉是用复杂的逻辑法则来解决复杂的问题。其二是从心理学的角度来看,认为它更依赖简单的策略,而且利用了我们进化的大脑。富兰克林的法则体现了逻辑视角:对于每一次行动,列举出所有结果,仔细权衡它们,然后选择最具利用价值的那种。这一法则放到现在就是"将期望效用最大化"。这个逻辑视角假设我们的思维像计算机那样工作,忽视了我们的进化能力,包括认知能力和社交本能。可这些能力得来全不费工夫,而且能提供快速而简便的方法,帮助我们解决复杂的问题。本书的第一个目标就是说明潜藏在直觉下的经验法则,第二个目标则是分析直觉可能在什么时候起作用——或者不起作用。无意识智慧就是不经思考地了解什么法则在什么情况下有用。

我已经邀你一道启程,可我必须警告你:我们在旅程中遇到的一些风景可能与理智决策的教条发生冲突。究竟什么才是直觉,关于这点,我们有时会感到困惑或者怀疑,甚至直接否定无意识的智慧。逻辑以及与之相关的有意识体系已经垄断西方哲学思想界太久。可是,逻辑毕竟只是思维可获得的有用工具中的一种。在我看来,思维就是一个适配工具箱,里面装满了从基因、文化和个人层面创造与传输的经验法则。当然，我的很多说法还是有争议的。不过，我们仍然大有希望。美国的生物和地质学家路易斯·阿加西斯（Louis Agassiz）曾对新的科学见解发表看法，他说："人们首先会说它与《圣经》相冲突。接着，他们会说这一发现之前就有。最后，他们会说自己一直都认同这点。"我所写的这些文字都是基于我和其他普朗克协会人类发展研究所成员及全世界同仁的研究。我希望这本小小的书能激励读者加入我们，与我们一道开辟理性的新领域。

第二章
少即是多

凡事应力求简单。

——阿尔伯特·爱因斯坦

美国一所医学院的附属医院的儿科在全美首屈一指。几年前，医院接收了一名21个月大的男童，我们就叫他凯文好了。凯文的毛病非常多：气色差、不与人交流、相对实际年龄来说体重过轻、拒绝进食、耳部还经常感染。凯文7个月大时，他的父亲从家里搬了出去，母亲也经常在外面开"派对"，有时候完全忘记了喂他，或是逼他吃罐装婴儿食品和薯条。当时，一名年轻的医生负责这位病人，不忍从这个瘦弱的孩子身上抽血，他注意到，打针过后，凯文就拒绝进食。根据直觉，他尽量避免进行侵入性的检查，而是给孩子创造一个关怀的环境。此后，孩子开始进食，他的身体状况也有所改善。

然而，这位年轻医生的导师并不赞同他用这种非传统的治疗方法。最后，这位年轻的医生终于阻止不了诊断上的机械流程，而凯文也被交到了一群专家的手里，专家们每个人都有一种特定的诊断方法。他们认为医生的职责就是找出这个小男孩的病因。他们认为自己不能冒险："如果他没诊断出病因就死去，那我们就会声名扫地。"接下来的9周，凯文接受了一套又一套检查：照CT、钡餐检查、数不清的活组织检查和血培养、6次腰椎穿刺、超声波和其他临床检查。检查出什么结果了吗？没有！这一连串检查之后，凯文又拒绝进食了。然后，专家们忙于应付饥饿和感染的并发症，凯文还没来得及接受下一轮检查——胸腺活组织检查就死了。凯文死后，医生们继续检查他的尸体，希望找出病因。那孩子死后，一名住院医生说："为什么，他一次性进行了三次静脉注射！再也接受不了另外的检查，还怎么找出病因。我们所做的一切正是他丧命的罪魁祸首！"

遗忘的好处

20世纪20年代的一天，俄国一家报社的总编集合员工召开定期晨会。会上，他宣布了当天的任务分配，内容包括一长串的事情、地点、地址和说明。讲话时，他发现一个新来的记者没有做笔记。总编正要责备他不集中注意力，这时，令人惊讶的是，那个人一字不落地重复了总编的话。这个记者的名字叫作舍雷舍夫斯基（Shereshevsky）。此事发生后不久，俄国心理学家A.

R. 鲁里亚（Luria）开始研究舍雷舍夫斯基神奇的记忆能力。鲁里亚一次性在他面前读了 30 个词、数字和字母，并叫他重复。一般人能够正确重复七个（误差不超过两个），可他却全都记得。接着，鲁里亚把数量增加到 50 个、70 个，他都完全说对了，而且还能倒背如流。鲁里亚花了 30 年的时间来研究他的记忆，可仍未有所突破。自第一次见面 15 年后，鲁里亚让舍雷舍夫斯基再重复当年会议上那一串词、数字和字母。舍雷舍夫斯基静下来，闭上眼睛，回忆当时的场景：他们坐在鲁里亚的房间；鲁里亚穿着灰色的套装，坐在摇椅上对着他念那一长串词、数字和字母。最后，这么多年过去了，舍雷舍夫斯基仍然准确复述了那天的内容。这在当时是一件非常离奇的事，舍雷舍夫斯基成了著名的记忆术大师，他上台表演，每一次表演都会接触大量的数据，这些数据多到可以湮没他之前的记忆。为什么自然母亲赋予他如此优秀的记忆力，而你我没有呢？

当然，如此无限量的记忆也有不利的一面。舍雷舍夫斯基能点滴不漏地想起发生过的所有事情——不管是重要的还是不重要的。但是，有一件事是他那卓越的记忆做不到的。那就是，无法忘记。比如，他的记忆里装满了童年的画面，这些会让他感到非常不舒服，甚至懊恼。记忆里装满了各种细枝末节，使得他无法进行抽象的思考。他抱怨自己识别人脸的能力差。他说："人们的脸在不断变化，各种不同的表情让我感到混乱，我就很难记住这些面孔。"读到一个故事，他可以一字不落地把它复述出来，可若要他概括这个故事的主旨，他就犯难了。总之，若要他根据已知信息完成更深层次的任务，比如理解暗喻、诗歌、同义和同音异义词，舍雷舍夫斯基或多或少有些吃不消。其他人可能忘记的细节他统统记得，而且这些东西占据了他的大脑，使他无法摆脱这么多画面和感觉，以致他无法进一步意识到生活中发生的事——找不出主旨、抽象概念和含义。

记忆并不是越多越好。自鲁里亚以来，一些杰出的记忆研究者们认为，我们的记忆的"差错"必然是一套适应环境需求的体系的副产品。照此观点看来，是遗忘有意忽略了大量生活细节，使其不致减缓对相关信息的检索，从而避免大脑提取信息、推断和学习的能力被削弱。弗洛伊德是适应性遗忘的早期提倡者。他认为，人们只有压制那些包含不利特征和消极情绪的记忆，才能获得直接的心理优势，即便从长远看来这种压制行为有一定的副作用。心理学家威廉·詹姆斯有着同样的观点，他说："如果我们什么都记得，那么，大多数情况下，我们可能像什么都不记得一样不幸。"当然，记性好也是有用的，它可用于最近需要记住的东西。同样的功能原理也用于许多电脑程序的文件菜单中，比如微软的 Word，它只能列出最近项。Word 的这项功能是基于这样的假设，用户最后查阅的东西也会是他们即将查阅的（图 2-1）。

然而，我们也不必就此下结论，说记性差胜过记性好，反之亦然。问题是，在什么样的环境下，记性没那么好反而是好事，

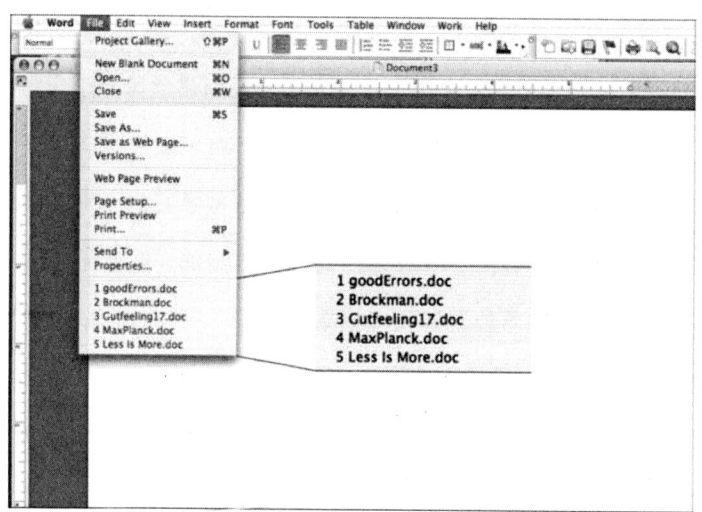

图 2-1 Word 程序只保留最近打开的文档,"忘记"了其他的文档
这往往能帮助用户更快找到所需内容。

而又在什么环境下,我们需要最佳记忆?我把这归为生态学问题,因为这关系到认知如何去适应它的环境。那么,在什么样的世界里,记性好才有优势呢?是那种像舍雷舍夫斯基一样的专业记忆术研究者所在的世界。在那里,人们不需要进行抽象的概括。盛行完美记忆的哲学世界是完全可以预测的,在那里,没有什么是不确定的。

从小事做起的重要性

适应性遗忘的世界比我们想象的要大。对那些有着痛苦经历的人来说,遗忘能让他们减轻痛苦。对孩子们来说,遗忘似乎是语言学习所必需的。认知科学家杰弗里·埃尔曼（Jeffrey Elman）试图利用有着大量记忆的人工神经网络学习几千个句子中的语法关系，结果，网络发生了瘫痪。埃尔曼并没有像之前那样为了解决问题增加更多的记忆，而是每学三四个词就让它遗忘，也就是模仿孩子学母语时的记忆限制法。限制记忆后的人工神经网络并不能理解长而复杂的句子。可这样的限制迫使它注意那些简短的句子，如此一来，它就能正确学习这些句子，还能掌握这些句子中的语法关系。接着，埃尔曼将神经网络中的有效记忆增加到五六个词。通过点滴积累，该网络最终学会了所有的句子，这是有着完美记忆能力的网络无法独立做到的。如果父母给孩子读《华尔街日报》，只用其中复杂的词语和他们说话，那么孩子的语言发展会受到阻碍。做父母的在直觉上就明白这一点，他们用"婴儿的语言"和孩子对话，而不使用有着复杂语法结构的句子。限制记忆就像一个过滤器，父母一开始就对孩子进行限制性的输入，这样就在无意识中支持着这种适应性的缺陷。

除了语言发展外，从小事做起在其他领域也非常有用。比如，一个创业公司在人力、财力皆捉襟见肘时比在两者皆充裕富足时运营稳定。同样，如果一个公司给某人一笔巨款让他做某件大事，那么，实际上，这项计划注定会失败。"创造稀缺，循序渐进"这条原则在人类和企业发展中无疑是一个可行的选择。

认知限制有利也有弊。我们很容易想象一种需要从大事着手的情况。可是认知限制本身并没有什么坏处，它们的好坏仅针对当前的任务。物种越复杂，它的婴儿期就越长。人类就是一个极端的例子，我们生命的大部分都处在一种不成熟的阶段——身体不成熟、性不成熟、精神不成熟。我们伟大的思想家阿尔伯特·爱因斯坦将自己发现相对论归功于迟钝："我的智力发展落后于普通孩子，所以我长大后才开始思考关于空间和时间的事。于是，相比有着正常能力的儿童，我对这个问题的思考会更深入一些。"

在什么情况下投资直觉比最佳选择更有用

1990年，哈里·马克维茨（Harry Markowitz）凭借其开创性的资产最优配置方案获得了诺贝尔经济学奖。他解决了每一个进行养老储蓄和想要在股市赚钱的人都会面对的重要投资问题。假如你在筹措一笔投资基金，为降低风险，你不想将所有的鸡蛋都放在一个篮子里。可你要如何分配这些资金呢？马克维茨向我们表明，有一种最优的投资组合，能使回报最大化、风险最小化。他在进行自己的退休投资时，肯定会用上自己的获奖技术——至少人们会这样认为。可是他没有。他只是运用了简单的启发法——1/N法则：

> 将你的钱平均分配给N只基金。

一般人会凭直觉遵循这样的法则——均等投资。研究发现，有一半的人遵循着这样的法则，如果只有两种选择，就将钱五五分，而大多数有着三四种选择的人也会将钱均等分开。做事凭直觉很幼稚吗？还是在处理钱的问题上凭直觉会显得愚蠢？反过来看这个问题，最佳分配原则比 1/N 原则又好多少呢？最近的一项研究针对 7 个投资项目对比了最优资产分配原则和 1/N 原则。资金大多是股票组合。其中有一个项目是，一方面将某人的资金分配到 10 只股票上，并追踪其标准普尔 500 指数的变化，另一方面是将资金平均分配到十只美国工业股票中。结果表明，没有一种最优化理论能胜过简单的 1/N 法则。

为什么就信息和计算而言少即是多？要了解这点，首先要明白那些复杂的策略是如何根据现有的数据进行计算的，比如之前的工业股票。将数据分为两类，一是可用于预测将来的有用信息，二是不可预测将来的武断信息或错误信息。由于将来是未知的，所以几乎不可能区分这两类信息，因此，运用复杂的策略往往无法排除一些武断信息。然而，1/N 法则也并非任何时候都胜过最优策略。如果有长期积累的数据，那么这些策略会起到最大作用。比如，将某人的财产分成 50 份，复杂的策略需要 500 年才能最终胜过 1/N 法则。相比之下，简单的法则彻底抛开以前的信息，这恰好避开了之前的错误数据。它靠的是平均分配的多元化智慧。

识别再认推理法能胜过财务专家吗

是否有必要请一个著名的投资顾问来教你买哪些股票？或者，省下咨询和管理费，自己来进行多元化投资？专业顾问们强烈警告约翰·帕布里克（John Q. Public），说如果想在股市上赚钱，就不能只凭自己的直觉，而要求助专业人士或者复杂的计算机程序。真是这样吗？

2000年，《资本》杂志举行了一场选股比赛。包括主编在内的1万多人参加了比赛。此前，编辑已经列出如下规则：在50种国际互联网股票内随意买卖，为期6周，获取最高利润者为胜。很多参赛者试图获取更多关于这些股票的信息和内情，另一些人则运用高速电脑选择正确的投资组合。在所有参赛的投资组合中，有一组别具一格。

这一组合是在"集体无知"的规则下建构的，没有专家的知识，也没有好用的软件，我和经济学家安德里亚斯·奥特曼（Andreas Ortmann）都主张这种方法。我们找了一些对股票一知半解，甚至都没听说过那50种股票的人。在柏林，我们随机询问了100位路人，男女各50人，问他们会选以上哪种股票。我们就名字最常见的10种股票列出了一个投资组合，并以"买入—持有"的方式递上这个方案参与比赛，也就是说，自买入后，它就不能再变动。

我们遭遇了熊市，这可不是个好消息。不过，我们这个基于集体直觉的股票组合上涨了 2.5 个百分点。《资本》杂志的主编是投资行家，他懂的比 100 名路人的股票知识加起来还多，但是他的投资组合却下跌了 18.5 个百分点。集体识别投资组合上涨的百分点超过了 88% 的参赛者，并优于《资本》杂志所设定的各种参数指标。作为对照，我们还就最不为人所知的 10 种股票列了一个低直觉组合，它和主编的组合一样糟糕。第二次研究的结果也大同小异，在这次研究中，我们仍然进行了性别的区分。有趣的是，女人知道的股票较少，然而，她们凭直觉选出的投资组合赚的钱却比男人多。这一发现印证了之前的研究：女人的财务知识不怎么样，可她们的直觉更好。

在这两项研究中，适当的无知比丰富的知识更有用。如财务专家所说，那只是一次撞大运吗？没有哪个投资策略是简单的，所以名字识别并不总是有用。我们进行了一系列的实验，它们共同表明，单是品牌名称识别就可与财务专家、一流的共同基金及大盘表现媲美。你或许会问，我自己是否足够相信这样的集体智慧，而把钱投进去呢。确实有一次，我花了五万美元来投资由那群什么也不懂的路人列出的投资组合。6 个月后，它上涨了 47 个百分点，比那些由财务专家操作的股市和共同基金更有成效。

约翰·帕布里克的"集体无知"为何能和资深投资顾问的策略相匹敌？富达麦哲伦基金的基金经理彼得·林奇（Peter Lynch）对外行朋友提出了这样的建议：投资你所知道的东西。

人们往往会遵循这样一个简单的原则——"买东西要买自己知道的品牌"。只有在你或多或少懂得一点时，这个原则才有效，也就是说，在你听说过一些股票，但却不是全都听说过时。如果是专家，比如像《资本》杂志的主编，就不能使用这一法则。单就美国来说，投资顾问们每年要赚大约1000亿美元。然而，却没有明显的证据表明，他们的预测能好过运气。相反，每年有70%的共同基金低于市场表现，而剩下30%碰巧高于市场表现的共同基金，没有一种连续出现过低于市场的情况。然而，老百姓、公司和政府付给华尔街的"圣职人员"几十亿美元，让他们告知这个大问题的答案："市场的走势会怎样？"如身家亿万的金融家沃伦·巴菲特所说，股票预测的唯一价值是让那些"算命者"看起来体面些。

零选择晚餐

几年前，在堪萨斯州立大学，我举办了一场主题为"多快好省地决策"的讲座。在一番活跃的讨论后，热情的主办方邀我共进晚餐。可他并未告知我地点。于是我想，吃饭的地方一定很远，我猜他是要带我去一家特别的餐馆，这家餐馆说不定还获得了一两颗米其林星。可是，是在堪萨斯吗？实际上，我们确实去了一家非常特别的餐馆，虽然此特别非彼特别。布鲁克维尔酒店挤满了等候就餐的人，当我坐下看见菜单时，瞬间

图 2-2　选择越多，顾客买得越多？

就明白主办人为什么要带我来这里。菜单上根本没有可供选择的东西，上面只有一项套餐，每天都一样：半锅炸鸡，配土豆泥、奶油玉米、发酵粉饼和家庭式冰激凌。用餐的人来自四面八方，他们为不用做决定而感到高兴。酒店对顾客的纠结了然于心，知道如何为他们准备唯一的晚餐，而且做得非常好吃！

　　关于少即是多，布鲁克维尔酒店开创了先例——零选择晚餐。纽约市推崇"选择越多越好"，它的菜单就像百科全书，并没有提供实用的点餐指南，在这点上，布鲁克维尔酒店与它恰好相反。这种"选择越多越好"的观点在菜单界十分盛行，它同时还成为一些官僚主义和商业的利器。在20世纪70年代初，斯坦福大学制订了两项投资股票和基金的退休计划。大约在1980年，又增加了一项，几年后，增加到5项。到了2001年，他们已经有了157种选择。157种选择真的比5种好吗？选择是好事，选择越多就越好，这是全球商业的信条。一条理性的选择理论认为，人们会衡量每一种选择的成本与收益，然后选择他们最喜欢的一种。选择越多，就越可能做出最好的选择，越能让顾客满意。可人类的大脑并不是这样运行的，人脑能消化的信息是有限的，这种限制就好比短期记忆能力，那个神奇的数字7，上下浮动误差2。

如果说，并不是选择越多就越好，那么，选择多了，有坏处吗？比如加州门罗公园的德尔格超市，它是一家以食品种类众多而闻名的杂货店，出售大约75种橄榄油、250种芥菜和300多种果酱。心理学家在店内设了一个试用摊位。桌上有时放6种果酱，有时放24种果酱。哪种情况下顾客更可能会停下来呢？60%的顾客会在选择更多时停下来，40%的顾客会在选择较少时停下来。可是，什么情况下，顾客真正会买这些果酱呢？观察表明，在有着24种选择的情况下，只有3%的顾客会买一两种果酱。然而，只有6种果酱时，30%的顾客会买。总之，当选择有限时，购买产品的顾客是选择更多时的十倍之多。消费者容易被纷繁的品种吸引，可是，更多的人会在选择较少时购买。

选择范围有限也是好事。宝洁公司将海飞丝洗发水的品种从26种减少为15种，其销量增加了10%。与德尔格的运营方式迥异，全球连锁超市阿尔迪就奉行简单原则：少数散装产品，价格便宜，对服务的需求也不多。而其产品的质量也为人称道，且全程在监控之中。选择的范围小，顾客决策时就不用如此纠结。据《福布斯》估计，阿尔迪超市拥有者阿尔布雷克特兄弟的财富仅次于比尔·盖茨和巴菲特。在感情问题上，也是选择越少越好吗？有人进行了一项实验，向一群年轻的单身人士分发网上交友资料，得出了同样的结果。这些年轻人说，比起四个人，他们宁愿在二十个人中选。可是，当他们选择完后，那些有更多选择的人发现，事情变得没那么好玩了，而且他们说，这样既没有提高满意度，也没有减少错过良缘带来的遗憾感。

最先出现的往往是最好的

高尔夫球员在击球的时候会经历许多步骤：判断球的路线、草地的纹理，以及到洞口的距离和角度；然后将球定位，再使肩膀、臀部和双脚在目标左侧成一线；再摆好姿势等。那么，教练该如何指点球员呢？"慢慢地，集中注意力，别被周围的事分心"，这样指导如何？这对有的人来说，是聪明的指点，可对其他人来说，是多此一举。然而，这两种情况都有所谓的"速度—精准性"权衡作为支撑：任务完成得越快，精准性就越差。实际上，如果你叫初学者慢慢来，留心动作，集中注意力，他们会做得很好。可是，对于那些高尔夫球高手你们也会给出同样的建议吗？

在一项实验中，分别将高尔夫球高手和"菜鸟"放在两种情况下进行研究：一种情况是在3秒内完成击球，第二种情况是完全不加时间限制。如前面所说，在时间的压力下，新手的表现要差一些，进球也要少一些。可令人吃惊的是，高手们在有时间限制的情况下反而进球更多。在第二个实验中，有时提醒球员集中注意力在自己的动作上，有时任球员被无关紧要的任务干扰（比如去听磁带录音的旋律）。如人们所预期的，新手们在集中注意力时的表现比分心后的表现好。而高手们则恰恰相反，当他们集中注意力在自己的动作上时，表现反而更差；当他们分散注意力时，表现却更好。

我们如何解释这明显的悖论呢？高手们的技能由我们大脑中的无意识部分实施，有意识的思考反而会成为干扰因素。设定时间限制是一种不让人们把思维集中在挥杆上的方法，提供干扰任务同样如此。既然我们意识层面的注意力只能放在一件事情上，就放在干扰任务上好了，不要让它影响我们的挥杆。

这一现象并不仅限于高尔夫球运动。手球是一项团队运动，球员们需要不断地迅速决定该如何处理球。该传球、投球、吊高球，还是做假动作？该把球传给左边的队员，还是右边的队员？球员们不得不快速决定这些。如果有足够的时间深思，他们是否会做出更好的决定？在一项由85名年轻、技巧丰富的球员参与的实验中，每位球员被要求站在大屏幕前，身着队服，手拿比赛用球，观看屏幕上播放的高水平比赛场景，每个场景约10秒左右，最后定格。研究者要求球员将自己想象为场上的那名带球选手，在定格时，尽快说出头脑中即时闪现的最佳反应动作。在经过直觉判断之后，研究者又要求球员重新观看定格画面，并尽量提出更多的可能应对方案。比如，可能仓促之间，没有注意到某个潜伏在某侧的队友，又或是其他刚才忽视的细节。最后，在大约 45 秒之后，研究者要求每位球员给出他们认为的最佳反应策略，结果表明，大约有 40% 的情形，球员会得出与第一反应不同的策略。为了衡量选择的效果，研究者请专业教练来评价视频中提及的所有反应，以判断这些策略的质量。如果按照"速度—精准性"权衡假设，时间越多，球员选择的动作越好，因为他们获得了更多的信息。然而，对高水平选手来说却恰恰相反。花时间去分析反而不能得出更好的选择。相反，他们的直觉反应比他们经过思考的动作更好。

  直觉为什么会如此成功呢？图 2-3 会告诉我们答案。球员们想起的动作的顺序直接反映出了这些动作的质量：第一个动作要比第二个动作好，第二个动作比第三个好，以此类推。有越多的时间来选择，动作的质量就越差。有经验的球员具有一大特征，那就是能在第一时间做出最佳选择。相反，对于那些没有经验的球员来说，要做出最好的动作，需要更多的时间和思考。最好的选择往往最先出现，这点体现在很多领域的专家身上，比如消防员和飞行员。

  "速度—精准性"权衡是心理学家确立已久的越多越好原则之一。可是，这一早期研究是以没有经验的学生为对象，我们也已看到，"越多越好"并不适用于那些有经验的专家。在这些例子中，想得太多，反而会拖累甚至颠覆自身的表现（想想你系鞋带的时候）。在无意识的情况下，才会有最好的表现。

  如果你经验丰富，那就别多想了——这个教训是可以谨慎利

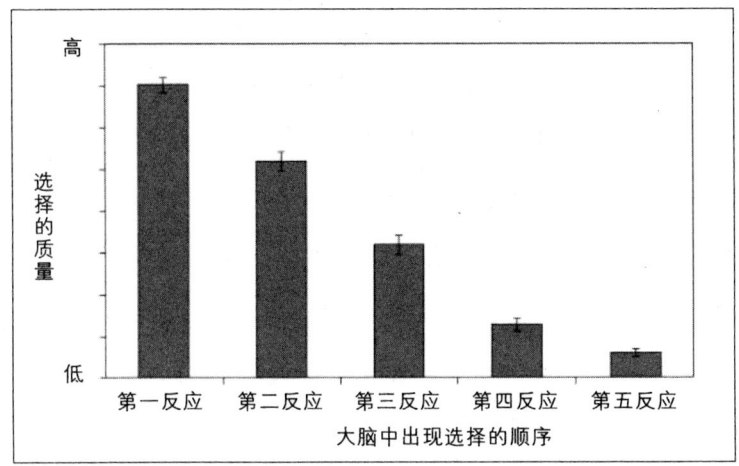

图 2-3　有经验的球员在出手时有更多的时间思考，结果会好一些吗
头脑中最先反应出的选择往往就是最好的选择；其他的选择都不如这个好。因此，让有经验的球员遵循自己的第一直觉才是好的建议。

用的。著名的钢琴家格伦·古尔德计划在安大略省的金士顿弹奏贝多芬的第 109 号作品。如往常一样，他先把乐谱过一遍，再开始弹奏。然而，在音乐会开始的三天前，他遇到了严重的心理障碍，无法流畅地弹出一段曲子。绝望之余，他使用了比高尔夫球员更夸张的注意力分散法。他打开吸尘器和收音机，还把电视也打开，它们的吵闹声使他根本听不到自己的琴声。结果，他的心理障碍消失了。

在竞技场上，我们可以有意地运用同样的方法从心理上削弱你的对手。比如，在交换场地时，问你的对手，你今天的正手击球为什么会如此精彩。这可是一个好机会，你让他去思考自己的动作，这就削弱了他正手击球的能力。在体育运动、应急事件和军事行动中,需要多快好省地决策,因为长时间的思考可能输掉比赛或者一命呜呼。另外,我之前还注意到一款电脑游戏,讲的是 1942 年美国在太平洋战场的隐蔽行动。其中有一幅画面是两个海军陆战队员走在路上,前方的路被迷雾遮住,那里有树、有灌木,路上还有一座木桥。前方标注了四个方向,然后出现一个问题:"敌人藏在哪个方向?"仔细分析了四种地形后,我才看到画面上倒着写的答案:"你花的时间太长,你死了。"

有时候,并不是越多越好

直觉所能依据的信息少之又少。所以,在我们的"超我"看来,它们是不值得信任的,因为我们的超我已经将"越多越好"这种信条内化了。然而,那些实验揭露了这个惊人的事实:有限的时间和信息能改善我们的决策。"少即是多"的意思是,在某种情况下,时间、信息或者选项越少越好。它并不是说,少一定就好。比如,如果没得选择,那么我们就无法运用认知启发法。反之,相对于面对 24 种果酱,人们在面对 6 种果酱时购买得更多,这并不意味着面对一两种选择时,人们会购买得更多。选项的多寡处在一个中间水平时,能取得最佳效果。在我们的文化中,"少即是多"与以下信念相矛盾:

信息往往越多越好。

选择往往越多越好。

这两种信念以不同的形式存在着,而且,很明显,很少有人明确地说到它们。经济学家列举出了一种例外情况,当信息要收费的时候:信息越多越好,除非进一步获取信息的成本超过了预期收益。然而,我的观点更为激进。即便信息是免费的,也会存在信息泛滥造成危害的情况。钱,并不是越多越好。时间,也不是越多越好。更多的业内知识,可以作为后见之明,用以分析之前的市场,但却不能用来分析未来的市场。在以下这些情况中,"少"确实是"多":

1. 适当的无知。认知启发法表明,直觉可胜过大量的知识和信息。

2. 无意识运动技能。对于训练有素的专家来说,直觉是基于一种无意识技能,而过度思考就会阻碍这种技能的实施。

3. 认知限制。我们的大脑似乎嵌入了一种机制,比如遗忘和从小事做起,这就保护了我们,使我们接触不到太多的信息。如果没有认知限制,我们就不能像现在这样睿智干练。

4. 自由选择矛盾。拥有的选择越多,就越容易陷入矛盾,进而越难对比那些选项。产品和选择越多,到了一定的程度,会同时对买家和卖家造成伤害。

5. 简单的好处。在一个不确定的世界里，简单的经验法则能和复杂的规则一样预测出复杂的现象，甚至能比复杂规则做得更好。

6. 信息成本。比如那个教学医院的儿科医生，提取太多的信息会对病人造成伤害。同样，在工作和处理人际关系时，过分好奇容易破坏别人对你的信任。

请注意，最前面的5种情况是"少即是多"的典型例子。即便外行获得了更多的信息，或者专家有了更多时间，又或者我们的记忆保留了所有的感官信息，公司生产出更多种类的产品，而且这一切都不需要额外的费用，但是，总的来说，他们会表现更加糟糕。最后一个例子中有着一种权衡关系，那就是，进一步研究需要代价，所以少量的信息就变成了更好的选择。连续的诊断给小男孩造成了伤害，也就是说，伤害他的并不是最终得出的结果，他付出的是身体和心理上的代价。

好的直觉往往会忽略信息。源于经验法则的直觉只从复杂的环境中提取寥寥几条信息，比如，知晓的名字，或是注视的角度是否保持一致，它会忽略其他的信息。确切地说，这是如何运作的呢？下一章我们将会详细地分析这一机制。

第三章

直觉如何快速决策

> 我们应该养成思考自己行为的习惯,这样的陈词滥调是极其错误的,可是许多书籍中仍会多次强调,许多名人甚至在演讲中反复提到这一点。实际情况恰恰相反,文明的进步体现在运算量的扩展上,这些运算我们不经思考就可以进行。
>
> ——阿尔弗雷德·怀特海

查尔斯·达尔文认为,蜜蜂的蜂巢营造艺术是"所有已知本能中最奇妙的"。他认为,这种本能由更为简单的本能经过无数连续的、细小的变异而形成。我相信,认知的进化也是以同样的方式进行的,它依靠的是"本能"的适配工具箱,我把它叫作"经验法则"或者"启发法"。许多直觉习惯,从感知到相信,再到欺骗,都可以描述成这些简单的机制。它们帮助我们战胜了对人类智能的主要挑战:去探索信息背后的事情。首先,让我们看看我们的眼睛和大脑是如何在无意识的情况下运作的。

大脑安排事情

亨利八世历来是出了名的以自我为中心、生性多疑的统治者,他经历了六段婚姻,有两任妻子因为叛国罪被处死。他在吃饭的时候最喜欢的娱乐就是闭上眼睛"砍"宾客的头。你想试一下吗?闭上你的眼睛,盯着位于图3-1右上方的笑脸。把书拿到离你大约30厘米远的地方,然后将书慢慢拿近,再拿开,让你的左眼一动不动地盯着上面的笑脸。到一定的时候,左边的哭脸会消失,就像被砍了头一样。为什么我们的大脑就像断

图 3-1　眼见并不为实
闭上你的右眼,盯着最上面的笑脸。将书拿近,眼睛不要移动;到某个时候,左边的哭脸会消失。重复这个步骤,看下方的笑脸。到一定时候,你的大脑会将左边的叉子修好。这个创造性的过程说明,知觉的本质就是一场无意识的修补或割裂,那里并没有一幅确切的画面。

头台一样呢？哭脸消失的地方就对应着人眼视网膜中的"盲区"。眼睛就像照相机，有一个引导光线的透镜，并由此将外界的图像投射在视网膜上。视网膜上的感光细胞就好比相机的胶卷。但与胶卷不同的是，它里面有一个洞，视神经就通过这个洞将信息传送给大脑。又因为这个洞本身没有感光细胞，所以在这一区域处理的物体就无法被看见。如果你闭上一只眼，往四周看，你可能认为自己会看到一片白板，这就是对应的盲区。事实上，你什么也看不见，是我们的大脑凭借猜测"填充"了这片白板。见图3-1，最好的猜测是"白色"，因为周围都是白的。正是这种猜测使哭脸消失了。亨利八世也是如此通过将客人的头置于他眼睛的盲区，"砍掉了"他们的头。

接下来，用你的大脑做一些比砍头更有益的事。闭上你的右眼，看着图3-1下方的笑脸，然后慢慢将书拿近，再拿开。你会看见，左边那把坏掉的叉子奇迹般地修好了。这时，大脑又根据周围的信息做出了最好的猜测：一个物体穿过盲点，从一边拉长到另一边，如此，就好像它处在中间。如同上面砍客人的头一样，这些智能的推断都是无意识的。我们的大脑不停地推断着世界。若没有这些推断，我们能看到细节，却看不到结构。

进化本可以创造一种更好的设计，使视神经从视网膜的后方而不是光感受器的表面穿过。它的确可以，但并没发生在我们身上。章鱼就没有盲区。它将信息传送到大脑的细胞位于视网膜的外部，这样就不用从视网膜中间穿过了。即便我们经过了进化，章鱼没有，可是大致的观点还是不变的，这点我们将在下一部分说明。好的知觉系统会觉察到信息以外的事，它要"发明"事情。你的大脑看到的比你眼睛看到的多。智慧意味着下注与冒险。

我相信，直觉判断和知觉的下注是一回事。当信息不充分时，大脑就根据假设将事情臻于圆满。不同的是，直觉比知觉灵活。首先，让我们看一下，知觉推理是如何进行的。

无意识推理

为进一步了解我们的大脑是如何推断"已知信息以外的事"，请看图3-2左边的圆点。它们是凹下去的，也就是说，它们从表面陷下去了，就像小凹陷。然而，右边的圆点都是凸起的，也就是说，它们冒出了表面，伸向观察者。当你把书倒过来时，凹圆点就变成了凸圆点，相应地，凸圆点也就变成了凹圆点。为什么我们要用这样的方式看这些圆点呢？

答案仍然是，我们的眼睛并没有获得足够的信息以确定眼前的东西是什么。可我们的大脑并没有被这种不确定麻痹。大脑根据环境的构成下了一个"注"，或者说大脑假设了这个构成。假设有一个三维空间世界，它用圆点的阴影部分来猜测第三维空间的延伸方向。为了更好地猜测，它假设：

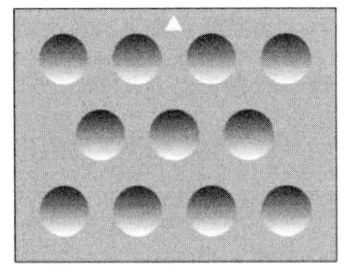 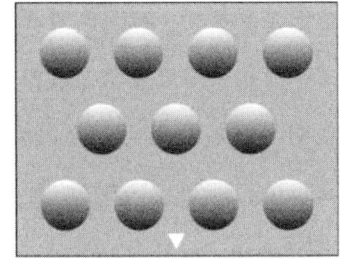

图 3-2　无意识推理
我们的大脑自动推断左侧图中的圆点是凹进去的，右侧图中的圆点则是凸出的。然而，如果把书倒过来看，就会发现原本凹进去的圆点凸出来了，原来凸出来的圆点凹进去了。

1. 光从上方来。
2. 只有一种光源。

这是人类（哺乳类）进化过程中的重要特征，在人类历史上，太阳和月亮是仅有的两种光源。第一种规律也大约类似于如今的人造光，它位于我们的上方——尽管也存在例外，比如车灯。大脑探索少量信息背后的故事，并且运用简单的经验法则去适应这些假设的构成：

> 如果阴影在上方，那么圆点就陷到表面之下；如果阴影在下方，圆点就凸出表面。

想想右边的圆点。上方在明，下方在暗。于是，大脑的无意识推断就是，圆点向着观察者延伸，光照亮了上方，而下方由于光线太少就变暗了。相反，左边的圆点是上方在暗，下方在明，大脑认为它是向内弯曲的。当然，这些假设都不是有意识的，所以伟大的德国生理学家赫尔曼·冯·赫尔姆霍茨（Herman von Helmholtz）才把它叫作无意识推理。无意识推理运用先验世界观将感觉得来的数据编织起来。然而，无意识推理是如冯·赫尔姆霍茨和维也纳心理学家埃贡·布伦斯维克（Egon Brunswick）认为的那样可以通过个人习得，还是像斯坦福大学心理学家罗杰·谢巴德（Roger Shepard）和其他人赞同的那样，是进化而得，人们对此争论不已。

这些无意识的知觉推理完全可以实施，但它不像其他直觉判断，它并不灵活。它是以自动的方式由外部刺激引发的。而这种自动的流程不会因为内部或者外部信息的变化而发生改变。即便现在，我们在研究直觉如何运作时，都无法改变我们所见的事物。我们将书倒过来，仍然会看到凹下去的圆点突然冒出表面。

如果所有的推理都好像条件反射，那么人类也不会被叫作智人了。如我们所见，其他经验法则有着知觉赌注的一切优势——迅速、简明、适应环境，可它们的使用不全是自动的。尽管本质上是无意识的，但它们可进行有意识的干预。想想孩子们是怎么判断别人的意图的。

查理想要哪一块

从小时候开始，我们对别人的意图、要求和他们对我们的看法都有所感知。可我们是如何获取这些感知的呢？我们给一个孩子看这样一幅示意图，画上有一张人脸，人脸的周围是几块诱人的巧克力（图3-3）。然后，我们说："这是我的朋友查理，他想要其中一块巧克力，你知道他想要哪一块吗？"一个孩子的念头怎么可能知道呢？可是，几乎所有的孩子都会立刻指向同一块——星河巧克力（Milkyway）。相比之下，患孤独症的孩子就完不成这个任务。他们有的选这一块，有的选那一块，其中许多孩子任性地选择自己喜欢吃的。为什么没患孤独症的孩子能清楚地感觉到查理想要哪一块，而患有孤独症的孩子感觉不到呢？答案是，没有患孤独症的孩子会自动进行"思维解读"。进行思维解读的人能从最细微的线索着手。他们注意到查理的眼睛盯着那块星河巧克力，所以推断出他想要这一块，但他们并不是有意识去注意。然而，这也是关键的一点，当问

图 3-3 查理究竟想要哪种巧克力

他们查理在看什么时,那些患有孤独症的孩子也能回答正确。他们不如其他孩子表现好的地方在于,无法进行从"看着"到"想要"的自然推理。

> 如果某人看着某个选项(花的时间比看其他选项长),很可能这就是他想要的。

对于那些没有患孤独症的孩子来说,这样的思维解读是不费力气的、自动进行的。这是他们大众心理学的一部分。根据眼神判断意图的能力似乎来自我们大脑的颞叶沟。对于患有孤独症的孩子来说,这种本能好像被损坏了。他们似乎不明白别人是怎么想的。用坦普尔·葛兰汀(Temple Grandin)——一个患有孤独症的动物学女博士的话说,大多数时候,她感觉自己就像"火星上的人类学家"。

就像知觉的无意识推理一样,这个根据眼神推断意愿的简单规则也是我们基因所固有的,不需要额外地学习。然而,与知觉规则不同的是,这种推断不是自动的。如果我有理由相信查理想要欺骗我,那么,我就可以改变他喜欢星河巧克力的观点。我还可以下结论说,这里,这种法则的基因经过了遗传编码,它是无意识的,却在自主控制之下。实际上,患有孤独症的人有时也会运用这种自主控制来理解思维解读的秘密。葛兰汀以认知科学家式的口吻说,她试着找出那些正常人无意识中使用的、无法告知她的法则。

是什么让直觉起作用

直觉似乎很神秘、难以解释——大多数社会科学家都会避开它们。即便那些主张迅速决策的书籍也不会去探究直觉的起源。经验法则能给出答案。它们是无意识的,但可被提升至有意识的水平。最重要的是,它们是进化后的大脑和环境所固有的。通过利用进化后的能力和环境构成,经验法则及其产物——直觉,可起到巨大作用。下面,我带你领略一下这个过程。

- 直觉是我们所经历和体验到的东西。它们迅速出现在我们的无意识中,我们都还没完全清楚自己为什么会出现直觉,可我们已经准备好利用它们了。
- 经验法则产生直觉。比如,思维解读启发法告诉我们其他人的意愿,认知启发法让我们感觉该信任哪一种产品,而注视启发法引导我们向哪个方向跑。
- 进化后的能力是经验法则的构成材料。比如,注视启发法利用了追踪物体的能力。与机器人相比,人类更容易在复杂的背景下追踪移动物体;婴儿在三岁的时候就开始注意移动的目标了。因此,注视启发法对人类来说很简单,可对如今的机器人来说却不然。

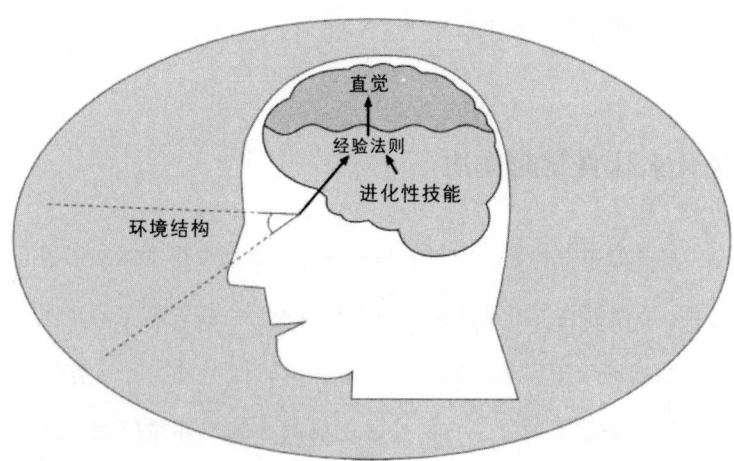

图 3-4 直觉如何起作用
直觉依靠无意识的经验法则,迅速出现在意识中。它是进化后的大脑和环境所固有的。

- 背景构成是经验法则运行好坏的关键。比如,认知启发法利用了这些背景:用名称识别来判断产品质量和城市的大小。直觉本身无好坏、理性与非理性之分。它的价值在于经验法则运行的背景。

自动法则,类似前文对阴影深度的推理,以及一些更为灵活的法则,比如认知和注视启发法,都是根据这个过程进行的。但两者之间有一个很大的不同。自动法则适用于过去的环境,无须评价它是否适合于现在。一旦出现刺激物,这一法则很快就被触发。生命已经习惯存在于这种自古就有的无脑状态下。相比之下,灵活法则要求在选择前进行快速的评价。如果一条法则无济于事，还可以选择另一条。"无意识智慧"这个短语就代表这种快速的评价过程。大脑的成像技术表明，这个过程与前额叶皮层紧密相关（见第七章）。直觉看似简单，可其潜在的智慧是为恰当的环境选择恰当的经验法则。

"以牙还牙"的人类行为

如社会科学中的其他方法一样，直觉科学也是对人类的行为进行解释和预测的科学。否则，它与其他诸多方法就会不一样。对直觉和经验法则的解释不同于对某些固定的特征、喜好和态度的解释。如之前提到的，它们之间的主要不同在于，经验法则不仅是大脑所固有的，同时也是环境构成所固有的。我们把这种解释行为的方法叫作适应法，该方法假设人们的行为在与其环境互动的同时，也在以灵活的方式发展。比如，进化心理学在研究当今人类的习惯时，将其与过去的环境，也就是人类进化时的环境关联起来。布伦斯维克曾对比一对相互忍让的已婚夫妇的思维和环境。在这里，我要用他的类比来描述心理（内在）解释和适应性解释的不同。

总的来说，我要区分两种丈夫与妻子相处的方法：和气，让大家都高兴；发火，试图伤害对方。我们以两对夫妇为例，"和睦型夫妇"和"摩擦型夫妇"，他们在很多方面都很相似。"和睦型夫妇"琴瑟和鸣、温暖、相互关怀、相处融洽，而"摩擦型夫妇"经常打架、大吵大闹、辱骂对方、处在分裂边缘。我们如何解释这种不同呢?

人们对此的广泛解释是,每个人都有一套信念和愿望,这就是他们行为的起因。比如,"摩擦型夫妇"也许具有施虐冲动,他们似乎以伤害对方为乐,且想将这种乐趣最大化。或者,这夫妇俩并没有这样的想法,只是没有计算好该有怎样的行为而已。第一种是理性的解释,第二种是非理性的解释,但两种情况都暗含了这样的假设,那就是人们会进行心算,而这种计算相当于富兰克林的资产负债表。第三种解释是从个人特点和态度着手,比如,火暴的脾气,或者对异性的轻蔑态度。要注意的是,这些解释是从个人的思想中寻找其行为的起因。个性理论探究人的特点,态度理论研究态度,认知理论则注重可能性、实用性或者信念和愿望。

从内部解释行为,不去分析外部环境,这种做法就是著名的"基本归因错误"。社会心理学家们曾研究过大众的这种做法,可同样的错误也出现在他们的解释中。一个在股票市场中担负资金风险的人,和一个在约会时背负社会风险,或是在爬山时承担身体风险的人是不一样的。我们之中,很少人能把这些风险都聚齐了。当我还是学生时,我喜欢研究个性和态度,可我的学习并不顺利,几乎不能很好地预测行为,并且这有很好的理由。认同固定特点和喜好的观点忽视了智人的适应性本质。出于同样的原因,知道人类的基因组并不代表了解人类的行为;

社会环境也会产生直接的影响,甚至可能影响到 DNA 对于激素的激发作用。根据布伦斯维克的观察,要了解妻子的行为,首先得观察丈夫的行为,反之亦然。

适应性理论强调想法与环境之间的关系,而不仅关注想法。这能改变"和睦型夫妇"和"摩擦型夫妇"的故事吗?在这里,我们需要想一想,经验法则是如何与一种环境的构成互动的。他们夫妻行为的基础是什么?这里举一个被称为"以牙还牙"的经验法则:

> 首先是宽容,然后保持最近一段记忆,再模仿你配偶的最后一种行为。

假设"和睦型夫人"无意识中在使用这个经验法则,而她正在和丈夫一起完成一项任务(照顾第一个宝宝,一起买衣服,或者准备晚餐和洗碗)。"和睦型夫妇"一开始对对方都非常宽容。接下来,她模仿他的行为,然后他模仿她的。结果,两人形成了一种长期的和谐关系。"保持最近一段记忆"的意思是,我们只模仿最后一段记忆,所以,我们只需记住它(不管好与坏)。如果对方愿意忘记之前的错误,那么关系会变好,但如果一味抓住过去的错误不放,关系就始终维持紧张。在这个例子中,遗忘意味着原谅。

最重要的是,由于社会环境不同,同样的经验法则可能导致相反的行为，不论行为好坏。如果"和睦型夫人"嫁给一个"经常对妻子发脾气，得让她明白谁才是爷"的男人，那么她的行为会倒转过来。受丈夫恶劣行为的影响，她对他也会变得恶劣。行为并不仅是照见特点的镜子，它还是一个人对环境的适应性反应。

如果夫妻继续遵循以牙还牙的原则，不犯错误，那么它会起到很好的作用。假设"摩擦型夫妇"直觉上也遵循以牙还牙的原则。一开始，他们也非常关心对方，可是"摩擦型先生"一气之下说了不好的话，从此以后，他们之间就开始没完没了的相互打击。"摩擦型夫人"受了伤，所以她回以同样的伤害。"摩擦型先生"下次又回击过来，如此反复。此时，最开始的事早已忘记，可他们已经被困在一种无止境的行为模式中。"摩擦型先生"觉得上一次挨骂要怪她自己，她觉得是他的责任。那么，"摩擦型夫妇"如何停止这种游戏，或者一开始就不玩这种游戏呢？他们应该遵循一种叫作"以牙还牙"的、更宽容的原则。

> 首先，宽容一些，保持最近的两次回忆，如果你的配偶做了两次不好的事，你才开始发脾气，否则你就继续宽容。

这样，如果他故意骂她，她再给他一次机会。只有这种行为连续发生两次，她才反击。两报还一报的方法对于那些其中一方并非恶意做出不理智行为的夫妻更加有效。但是，这种宽容很容易受伤。比如，一个男人某天晚上喝醉了酒，打他的妻子，第二天他又非常后悔，于是变得非常温柔体贴。如果她心里想两报还一报，那么她不会生他的气。聪明的男人会有意无意地长期重复这个游戏，充分利用她的宽容。而换作一报还一报，就表示，他再也不能利用她了。

这些简单的法则在许多夫妻间的交流中是如何起作用的？在一场声势浩大的计算机模拟比赛中，美国政治学家罗伯特·阿克塞尔罗德（Robert Axelrod）在比赛中尝试了15种策略。最终导致他获胜的战略就是最简单的以牙还牙。实际上，最复杂的方法往往是最无效的。于是，阿克塞尔罗德得出结论，如果有人在比赛中使用一报还一报的方法，便会成为赢家。这样就避免了数回合的相互打击，就像"摩擦型夫妇"一样。这样说来，两报还一报是不是比一报还一报好呢？绝非如此。就像在现实生活中一样，最好的那个策略是不存在的——要取决于其他玩家所玩的游戏。阿克塞尔罗德进行第二场比赛时，著名的进化生物学家约翰·梅纳德·史密斯使用了两报还一报的战略。可是这种神圣的启发法并没有帮助他取胜。与试图利用傻子的糟糕策略相比，它的排名只能靠后了。所以，最后赢的还是一报还一报策略。它的智慧蕴含在它的构建模块中。总之，合作有益，遗忘有益，模仿有益。还有，最重要的是，结合有益。如果遵守《圣经》里的"不予反抗"，那么，结果可能是被人利用。

就像在本章中遇到的直觉原则一样,一报还一报也是基于包括模仿在内的进化后的能力。这些能力与特征不同,它们是构成经验法则的东西。下面两章将依次介绍它们如何扎根于大脑和环境。

第四章

大脑的神奇进化

> 如果我们无故放弃,或因找不到理由而放弃做所有的事……那么我们很快就会死掉。
>
> ——弗里德里希·A. 哈耶克

据说,前第一夫人芭芭拉·布什曾说过:"我嫁给了吻过的第一个男人。当我把这件事告诉孩子们时,他们差点就吐了。"听到这番话,我们可能会笑。她应该考察其他的追求者吗?芭芭拉·布什并不是第一个这样做的人。三分之一的美国人与初恋结了婚,其中包括20世纪60年代以及70年代初的人。婚姻顾问常常不赞同人们与第一任或第二任约会对象结婚,面对如此重要的决定,他们主张有计划地寻找更多选择和经验。同样,经济学家们也在抱怨选择伴侣时不够理性。每当我听到有人说这样的话,我就会问对方是如何寻找伴侣的。"哦,我可不一样!"他说,然后讲述一个在聚会上或在自助小餐厅偶遇的故事,他第一次体验了兴奋感，经历了害怕被拒绝的担忧，好像生命就是以那个人为中心，而且有一种直觉，他就是你要找的人。之前是有意在一组选项中做出选择，就像选择数码相机或冰箱一样，而发生在自己身上的故事略有不同。

迄今为止，我只遇到过这样一个人，一名经济学家，他说自己是按照本杰明·富兰克林的方法选择伴侣的。他坐下来，用铅笔列出所有可能的伴侣以及他能想到的一切结果（比如，结婚后她是否依然听他的话、照顾孩子、让他安心工作等）。接着，他用数字来表示每一个结果的效用，然后计算每一种结果变成现实的概率。最后，他将效用与概率相乘，再把它们相加。最终，他娶了那个期望效用最高的女人，尽管他没有告诉她这个策略。但是，他现在离婚了。

在我看来，重要的决定——选择伴侣、工作和人生安排，并不仅是我们想象中的行与不行那么简单。在做决定的时候，还有其他因素需要考虑，而且是非常重要的因素——我们进化后的大脑。它为我们提供进化了千年的能力，可是有些关于决策的标准教材却严重忽视了它。这些进化后的能力是做许多重要决定时必不可少的，它们能防止我们在重要的事情上犯下大错。它们包括信任、想象和体验诸如爱之类的情绪的能力。但这并不是说，没有信任和爱，生命体就无法活动。许多爬行动物中甚至不存在舐犊之情；新生的幼小动物还要藏起来，以防被亲生父母吃掉。那样的情况确实存在，不过我们人类并非如此。

要了解人类行为,我们需要知道,人类进化后的大脑能让我们以自己的方式解决问题——与爬行动物和电脑芯片不一样的方式。我们的孩子不需要在出生后躲起来,他们可以利用其他能力成长——笑、模仿、扮可爱,以及拥有聆听和学习语言的能力。下面我们来看一个思维实验。

寓言,机器人的爱

到了 2525 年,工程师们终于成功制造了像人类一样的机器人,它们像人类一样活动,甚至可以繁殖。他们制造了一万个不同种类的机器人,而且全都是女的。此外,他们还成立了一个研究小组,专门负责制造男机器人,并使其具有寻找好配偶、建立家庭和照顾小机器人的能力。他们把这批机器人叫作第一代完美主义者,简称 M-1。被程序化的机器人要找到最好的配偶,就得找出一千个符合目标(年龄比自己小)的女机器人。他观察这些女性机器人所具有的五百种不同的特征,比如能量消耗、计算速度和结构弹性。遗憾的是,这些女机器人的个人特征值并没有写在脸上;有的甚至为了捉弄 M-1 而将她们的特征值隐藏起来。于是,他不得不从行为样本中推断出这些特征值。三个月后,他成功获得了每位女机器人的记忆容量,这是他测量的第一种特征。然后,研究小组迅速计算了 M-1 选出最佳伴侣的所需时间,遗憾的是,到那时这个小组的成员都已不在人世——那个最佳配偶也已不在了。M-1 下不了决心,这让那一千个女机器人感到不安；当他开始测量第二项特征——编号时，她们取出他的电池，把他扔进了废料场。小组成员们又回到绘图板前，他们设计出 M-2，因为进一步收集信息的成本超过了收益，所以他只关注最重要的特征，不去挖掘更多信息。三个月后，M-2 又重走了 M-1 的老路，甚至为了判断哪些东西该忽略而去计算每一种特征的效益与成本。于是，那些等得不耐烦的女机器人扯掉了他的线，也把他淘汰了。

研究小组这下相信了这则谚语："要求太高反难成功。"于是他们又设计出 G-1，G-1 寻找配偶的目标是，只要她足够好就行了。G-1 的身上设定了一个期望水平。当他遇到第一个达到期望水平的女性时，他就会向她求婚——剩下的都不管了。为确保他的期望水平不至于太高，他身上还安装了一个反馈回路，如果长时间内都没有女性满足他的期望，他就会降低期望水平。G-1 对一开始遇到的六个机器人都不感兴趣，可后来，他向第七个机器人求婚了。因为没得选择，所以她答应了。三个月后，皆大欢喜，G-1 结婚了，还有了两个小宝宝。然而，在写总结报告时，研究小组发现，G-1 却因为另外一个机器人离开了他的妻子。在他的大脑中，没有什么能阻止他寻找自认为更好的选择。其中一位研究成员称，M-1 永远不会离开他的妻子，因为一开始他就选择了最好的。另一位研究成员补充道，确实是这样，可 G-1 至少有过一个妻子。该小组就这个问题讨论了一段时间，然后设计出了 GE-1。就像 G-1 一样，GE-1 会因为找到一个不错的妻子而高兴,可是,他身上还多安装了一种情感胶,当他遇到一个不错的机器人时,情感胶就会释放出来,每当他们进行身体接触,情感胶就会将他们的情感黏得更紧。为确保万无一失,他们还在他的大脑中植入了另一种情感胶,他每一次与孩子进行身体接触时,情感胶也会将他们的情感黏得更紧。和 G-1 一样,GE-1 很快就向女机器人求婚,然后结婚,生下三个孩子。研究小组完成报告时,他仍和家人在一起。他或许有些黏人,但很可靠。从此以后,GE-1 机器人就征服了整个地球。

在这则寓言中,M-1 想找到最好的,他失败了,M-2 也一样,他们的时间都不够。G-1 很快做出了不错的选择,可是很快又放弃了这个选择。然而,爱的能力,也就是情感胶,提供了一种有力的阻止原则,结束了 GE-1 对配偶的额外寻找,强化了他对爱人的承诺。同样,由婴儿的存在或微笑引发的父母之爱,让父母无须每天决定是该将资源投入到孩子身上,还是其他事上。是否值得忍受那些不眠之夜和其他因照顾孩子造成的挫折,这样的问题也不会出现,我们的记忆肯定很快就会忘记这些辛苦。进化后的大脑不让我们看得太远、想得太多。嵌入其中的文明影响着我们爱和信任的对象,或者说让我们难过和伤心的对象。

让我们想想,在现实世界中,寻找最佳伴侣会怎样在个体的骄傲和荣誉之间造成冲突。天文学家约翰尼斯·开普勒(Johannes

Kepler）身材矮小，身体虚弱，还是一个穷佣兵的儿子。可是，因为有了惊人的发现，他被认为是一个好的结婚对象。1611年，在第一段不幸的包办婚姻后，开普勒开始系统性地寻找第二任妻子。不像芭芭拉·布什那样，他两年内就寻找了十一个待定人选。朋友们催他娶第四个候选人，那是一个有着不俗社会地位和诱人嫁妆的女人，可他仍坚持继续寻找。最后，这位合适人选因感觉受到了侮辱而拒绝了他。

进化的能力

进化的能力，包括语言、认知记忆、物体追踪、模仿和情感，都是通过自然选择、文化传播或其他途径获得的。比如，语言能力就是通过自然选择进化而来，不过，知道某个词表示某种物体就是文化学习的问题了。我在广义上采用进化后的能力一词，是因为大脑的能力既是我们基因的功能，也是学习环境的功能。历史上，他们的进化和环境的进化一前一后地发生，而这里的环境就是我们祖辈生活与发展的地方。比如，人类模仿他人的能力就是文明进化的先决条件。达尔文少见地犯了一个严重的错误，他相信哺乳动物普遍具有模仿能力。事实上，只有人类才能进行如此多样、细致和自然的模仿，能让技能和知识（我们叫它文明）在一个身体里累积增长。

心理学家迈克尔·托马赛洛（Michael Tomasello）和他的同

事们进行了一系列实验,他们让小猩猩、大猩猩和两岁大的婴儿看大人示范用耙子一样的工具获取臂展范围之外的食物。猩猩们知道要用上这个工具,可它们并没有留意如何使用,而婴儿观察得很仔细,并且如实地模仿出来。婴儿可能比猩猩弱小且迟钝,但在这个例子中,他用模仿的方法学习文化要比猩猩快。

但是,如果我们只是靠模仿,那么我们的行为将会从环境中分离出来。灵活的经验法则使我们能以对环境敏感的方式进行模仿。如果环境变化缓慢,我们可以进行模仿,否则,就从自己的经验中学习(或者模仿那些比你聪明、能更快适应新环境的人)。

因为许多进化后的能力还没有被很好地了解,所以,我们不能赋予机器人同样的能力。比如,人工的面孔和声音识别还不能与人类相提并论,另外,情感能力,比如爱、希望和愿望还远不能成为机器智能的一部分。我们可以说现代电脑有了"进化后"的能力,比如它们具有人类思维更强大的组合力量。人脑和电脑软件的不同会产生重要的后果,这使得人类和机器使用不同类型的经验法则。因此,他们的直觉也各不相同。

各种能力是相辅相成的。追踪物体的能力以人类在探索环境时的身体和心理机制为基础,进一步地,通过观察他人而收集信息的能力基于在时间和空间内追踪个体的能力,而合作与模仿的能力又基于观察他人的能力。如果个体具有合作的能力,那么,比如,为了交换商品,他们也需要开发一种用以欺骗的雷达，以免被探测到。同样，认知记忆是名声的先决条件，机构要实现好的名声，就得让人们记住它们的名字，或者至少能稍微记起它们为什么值得尊重。反过来，一个拥有好名声的机构又能提升信任、增强团体意识和促进其价值观念的传播。

适应性工具箱

启蒙时期的哲学家们将思维比作一个由理性统治的王国。在19世纪末20世纪初，威廉·詹姆斯将意识比作河流，而将自我比作城堡；为响应最新的科技，思维先后被描绘成电话交换机、数字电脑和神经网络。而我，将它比作工具箱，里面装着适应人类所面临问题的工具（见图4-1）。这个适应性工具箱有三层：进化能力、利用进化能力组成的模块和由模块组成的经验法则。这三层之间的关系就像原子、周期表中的化学元素和元素结合形成的分子之间的关系。分子和经验法则有许多种，元素和模块要少一些，原子粒子和能力则更少。

我们再来看注视启发法。它有三个模块：

> （1）注视球；（2）开始跑；（3）调整你跑步的速度，使其与注视的角度保持不变。

以上每一个模块都固定在进化后的能力中。第一个模块利

图 4-1 直觉利用经验法则的适应性工具 / 工具箱,就像维修工的工具箱一样

用了人类追踪物体的能力,第二个模块利用了人类一边奔跑一边维持平衡的能力,第三个模块利用了视觉运动轻微调整的能力。这些能力为解决接球问题提供了一个初始方案,它与计算球的轨迹完全不同。注视启发法快速而方便,因为它所利用的能力是固有的。要注意的是,标准的数学方案——计算轨迹,并没有利用这种潜能。

接下来,我们再来看上一章提到的以牙还牙策略。它适用于两个人或单位之间生产产品、互助、情感交流或其他合作情形。双方可友善(合作),亦可不友善(不合作)。以牙还牙也可分为三个模块:

> (1)最先的合作;(2)保持最近一段记忆;(3)模仿搭档的最后一个行为。

假设两对夫妻不断碰面。于是，在第一次见面时，一个采取以牙还牙方法的人会友好地对待对方，同时记住对方的反应，等到第二次见面的时候，他就会模仿对方上一次的行为。如果对方也采取以牙还牙的方式，那么两人会从始至终好好合作；但是，如果对方不友好或者不合作，那个最先采取以牙还牙方法的人也会停下来，不与他合作。要注意的是，尽管最后的行为不一样，不管行为是好是坏，经验法则仍是一样的。如果我们从那个采取以牙还牙策略的人的特征和态度去解释，就说不清这种过程（以牙还牙）与最终行为（合作或不合作）之间的重要不同。

第一个模块包括合作；第二个模块包括遗忘的能力，这种能力就像原谅一样，有助于我们维持稳定的社交关系。相反，我的U盘就无法遗忘，所以，我时不时会删除一些文件，留下那些有用的。第三个模块利用模仿的能力，这是人类所擅长的。相同物种的不相关成员之间进行交换，叫作互利主义：这一次我帮你，之后你也要还我这个人情。但就像一报还一报一样，这种情况在动物界很少出现。如果基因相关，动物们可能进行交换。反过来，在出现不过一万余年的巨大的人类社会中，有着大多数不相关的成员，他们在农业和商业中践行裙带关系和互利主义。

适应性工具箱包括进化后的能力，而进化后的能力又包括了学习能力，正是这种能力为模块奠定基础，使其能构建不同的经验法则。进化后的能力是铸就工具的金属,而直觉就像钻头,这种简单的工具,其力量取决于材料的质地。

适应性目标

一项适应性能力可以用来解决一系列适应性的问题。比如追踪。最开始的适应性目标可能是捕食或航海,比如:使注视的角度保持不变,以拦截猎物。如我们在第一章中所见,追踪能解决一些如接棒球或在航海和飞行中避免碰撞一类的问题。同时,它还能为解决社交问题提供智慧的办法。在人类社会(包括等级制社会)中,新生儿能够通过目光(谁在看着谁),迅速辨认群体成员的社会地位。通过仔细追踪,新的群体成员知道该尊敬谁,从而避免发生扰乱既存等级的冲突。孩子们从一出生就对目光敏感,他们似乎知道谁在看他们。当婴儿长到一岁大的时候,他们开始利用大人的注视学习语言。当妈妈说到"电脑"而孩子正看着金鱼缸时,他不会认为这个新词语就代表鱼缸或金鱼,而是追随妈妈的目光,去寻找所指的物体。到两岁的时候,孩子开始根据眼光判断他人的心理状态,比如愿望。三岁时,孩子们就能以目光为线索,判断你是否在骗他。不论是孩子还是大人,他们不仅追踪目光的方向,还会根据肢体语言判断对方的意图。即便是电脑屏幕上的一个虚拟动作,也可以告诉我们使用者究竟是怀有调情、助人的意图,还是伤害的意图。

进化能力对解决适应性问题非常必要，可单靠这种能力还不够——就像设计 200 马力的电动机是为了提速，但是如果没有方向盘和轮胎，这一目的也不能实现。只有准备好这些零部件，司机才能通过一系列简单的动作开动车子，比如，打开发动机，踩油门，进行相应的变速。同样，具有追踪他人目光的能力还不足以判断他人的意图，上述孤独症的例子就说明了这一点。是已知信息以外的经验法则形成了我们的直觉。

人类直觉和机器直觉

1945 年，英国数学家阿兰·图灵（Alan Turing）预测，有一天，电脑会变成象棋高手。很多人则自此希望电脑程序能让我们更深入了解人类的思维。尽管图灵的预测实现了——1997 年，IBM 的象棋程序"深蓝"打败了世界冠军加里·卡斯帕罗夫（Garry Kasparov），但是先进的程序并没能让我们进一步了解人类思维。何以至此呢？人类下象棋的策略利用了人类生物体中特有的能力。卡斯帕罗夫和"深蓝"都要使用经验法则——就算是最快的电脑也无法决定下象棋的最优策略。"深蓝"能够预测接下来的 14 步棋，可是，它必须用快速的经验法则，来估计其中几十亿个可能落子组合的质量。相反，据说卡斯帕罗夫曾说过，自己只能思考到其后的四五步。"深蓝"的能力包括其强大的组合能力,然而,大师的能力包括空间识别模式。因为这些模式具有根本的不同,所以,了解了电脑的"思维过程",并不代表能了解人类的思维过程。

在最初的电脑革命中,无实质认知非常流行。图灵自己也强调说,硬件的差异到最后将变得无足轻重。还有一套新的说辞就是,那是一种认知系统,它描述了"一切从人到鼠标再到芯片"的思维过程。基于这种说法,电脑程序复制人类的创造力就变得大有希望。多年以前,人们热切希望电脑程序可以创作音乐和爵士乐,希望出现一个能与巴赫,甚至贝多芬相提并论的程序。可是,再没有进一步的消息。不像电脑生成的音乐,人类创作的音乐是具体而形象化的。它以唱歌这种口头传统(呼吸决定着分节和调子的长度)和我们的节奏(决定着和弦的幅度)为基础。同时,它还以能产生情感的大脑为基础。莫扎特在早逝的前夜写下《圣母颂》时,心中何等激越,若没有这种汹涌的情感,是很难模仿他的创作的。创作就像认知一样,基于某种能力,而这种能力并不是人、鼠标和芯片所共有的。

人类直觉和大猩猩直觉

大猩猩的直觉

人类是有动机的,至少在某种程度上是这样,他们会同情和担心别人。我们献血给陌生人,支持慈善事业,以及惩罚那些违反社会规则的人。大猩猩和倭黑猩猩一样,是我们的近亲,同样,它们也会进行合作狩猎、安慰受侵害者。那么,在不损害自己利益的情况下,它们会关心与自己没有亲缘关系的大猩猩吗?

灵长类动物学家琼·希尔克(Joan Silk)和她的伙伴们进行了一场实验,研究在一起生活了超过15年的大猩猩。被研究的有18只大猩猩,它们来自两个有着不同生活经历的不同种群。大猩猩一对对相对站着,或并肩而立,它们能看到对方,也能听到对方说话。其中一个大猩猩可以去拉两个门把手中的一个,它就是行动者:如果行动者拉的是"友好"把手,那么这个行动者和另外一只猩猩都能得到食物,而且分量相同。如果行动者拉"恶意"把手,那么只有行动者能得到食物。在一次对照实验中,只有行动者在场。大猩猩们会拉哪一个把手?

当没有其他大猩猩在场时,大猩猩拉两个把手的概率是相同的。这时,大猩猩们不会在意拉哪一个,何必在意呢?可是,当另一只猩猩出现时,行动者们往往不会拉那个"友好"的把手。尽管它们能清楚地看到对方那极力乞求的手势,得到食物时,它们仍会高兴地吃起来,大猩猩丝毫没表现出同情。对于那些行动者来说,比起另外一只大猩猩,它们更在意的是"友好"把手是在自己的左边还是右边。它们非常倾向于右边的"把手",而对同伴的快乐与否相对不那么在意。所以,大猩猩似乎并不关心与它不相关的种群成员。

人类直觉

相同情况下，孩子们会怎么做呢？在一项非常类似的研究中，研究者们问3到5岁的孩子，是愿意与年轻的女实验员一人一张贴纸，还是只愿自己拥有一张？大多数孩子的选择都是社会性的，有的孩子甚至愿意把自己的贴纸让给实验员。

与其他灵长类动物相反的是，我们人类不仅愿意付出，愿意与家人以外的人分享，哪怕这种分享会付出代价，而且如果有人不这样做，我们还会感到生气。我们来看维尔纳·古斯（Werner Güth）发明的"最后通牒博弈游戏"，他是我在马克斯·普朗克协会的同事。在这个游戏的经典版本中，两个从未谋面，而且将来也不会有任何交集的人坐在不同的屋子里。他们既看不见对方，也听不见对方说话。由抛硬币来决定他们中哪一个提问，哪一个回答。他们事先被告知了如下游戏规则：

> 提问者会得到10美元（10张零钱），然后可以任意分给回答者，也就是说，分给回答者的钱可以是从0到10美元。然后，回答者决定是否收下钱。如果回答者收下钱，两人可保留自己所有的钱；如果回答者拒绝收下，那么两人什么都得不到。

如果你是提问者，你会分多少钱给回答者？根据利己主义的逻辑，每一位玩家都会让自己得到最多的钱。由于提问者最先行动，他可以只给回答者 1 美元，因为这样，他就能得到最多。随后，回答者应该收下钱，因为 1 美元总比没有好。这种模型叫作纳什均衡，是以诺贝尔奖得主约翰·纳什的名字命名的。可是，现实生活中，不论提问者还是回答者都不会这样做。提问者最可能给出的不是 1 美元，而是 5 美元或 4 美元。如此，人们似乎在意公平，所以愿意共享差不多相同的数额——这里，我们又在不同的背景下遇到了 1/N 原则。更不符合利己主义逻辑的是，那些被分给 1 美元或 2 美元的人中，有一半选择拒绝收下，他们宁愿一分钱也不要。因为不公平的待遇让他们感到生气。

有人也许会反对，说几美元只是小钱，一旦遇到更大的赌注，他们就会变得自私。比如，我们想象一下，如果给提问者一千美元，任他处理，会是什么情况。然而，如果提问者可任意处理的钱的数量相当于一周甚至一个月的工资，也不会有太大变化。如果提问者是一台电脑，即便被分给很少的钱，人类也不大会拒绝。不过，提问者对他人的关心会被当成自私吗，也就是说，认为他是不想冒被拒绝的危险？又或者，如果回答者不能拒绝收下，提问者还会把钱分出来吗？"最后通牒"的这个变异版本叫作"独裁者游戏"，在这个游戏中，是由提问者来决定是否要给钱、给多少。然而，即便对方不可能拒绝，很多人也愿意分享他们的钱。美国、欧洲和日本的大学生在玩"独裁者游戏"时，一般会保留80%，分出20%；而普通人群中，成人会分出更多，有时候甚至会平分。在两种游戏中，德国孩子大多会选择平分。即便在南美的热带森林、非洲的热带草原、蒙古的高原沙漠和其他偏远地区进行15人一组的小群体跨文化研究，也没有发现纯粹的自私行为。这些实验结果说明，即便在极端的情况下，面对陌生的人、陌生的环境，面对自己可能受损的利益，人们还是会选择关心他人。正是这种利他主义的能力将我们同其他灵长类动物，甚至与大猩猩区分开来。

男人和女人的直觉

人们对女人的直觉谈论较多，而对男人的直觉谈论相对较少。人们也许会怀疑，这或许是因为女人的直觉比男人的直觉更准，然而，历史却给出了不同的解释。自启蒙运动以来，人们认为直觉比理智低一等，在此之前，甚至认为女人比男人低一等。将男人和女人从智力和品质上进行两极分化的鼻祖是亚里士多德，他曾这样写道：

> 女人的性情比较柔软，她们更加淘气、更加复杂、更加冲动，换句话说，男人们更精神、更野蛮、更简单，而且相对不那么狡猾……事实是，男人的本质是最圆满和完整的，所以，以上这些特征最清楚明了不过。又因为女人比男人感性，更容易因

感动而落泪,所以,她们同时也更容易嫉妒,更爱抱怨,更倾向于打骂。因此,进一步看,她们还更容易消沉和失望,更缺乏羞耻感,更容易有错误的言论,更爱欺骗,记性更好。

这段话与欧洲千年以来关于男女区别的争论产生了回响,同时构造了现代早期的基督教道德观。对于女人来说,违反消极性美德(尤其是不守贞洁),是头等大罪,但对男人来说却不是这样;反过来,女人可以胆小,男人却不能。回忆、想象力丰富和社交能力是与女性关联的特征,相反,男性的特征是散漫、具有思辨理性。在康德看来,这一对比可以浓缩成:男性懂得抽象原则,女性了解具体细节。而在他看来,这些具体细节与抽象的思辨或知识是不相容的:她们的哲学不是理智,而是感性。他认为,那些少数人类的反例——有学识的女性,不止是无用那么简单,除了异想天开以外,她们就像"长了胡子的女人"。一个世纪后,达尔文同样将男性的力量和天赋与女性的慈悲和直觉力对立。他将女性视作"低等人",这是19世纪的典型特征。

当代心理学将这种男性逻辑与女性情感的对立纳入其最初的观点。美国心理协会的创始人兼第一任会长斯坦利·霍尔(Stanley Hall)从每一个器官和组织将女性与男性区别开:

> 她凡事依赖直觉和情感:恐惧、生气、爱和大多数广泛而

强烈的情感。如果她放弃天性，用意识来过生活，那么，她失去的会比得到的多。古语有云，犹豫不决的女人总是吃亏。

这一简史表明，长久以来，直觉和女人之间的关联，就好比人们眼中消极性美德与阴性事物之间的关联。不像人类、大猩猩和机器之间，除了与生育功能有关的特征和出生环境的不同外，没有有力的证据证明男女在认知能力上有明显的不同。然而，两千年以来，在极端对立思想的影响下，人们会夸大男女的认知差异，这点不足为奇。心理学家对15 000多人（其中有男有女）进行了测验，让他们区别真笑和假笑，以此判断他们的直觉能力。他们给参加实验的人看10组有笑脸的照片，先看一组真笑，再看一组假笑。在研究笑脸之前，让参与者们评估自己的直觉能力。其中77%的女性说她们的直觉能力很强，相比之下，只有58%的男性认为自己的直觉能力强。可是，结果表明，女性的直觉判断并不比男性强，她们判断真笑的正确率是71%，而男性是72%。有趣的是，男性判断女性真笑的正确率要高于其他情形。而女性则不擅长判断男性的真诚度。如此一来，如果说男性直觉和女性直觉之间有不同的地方，那么，这些不同是有别于之前（认为女性直觉比男性直觉敏锐）的看法的。

比如，根据"选择性假说"，不管好与坏，男性的直觉判断似乎只依据一条理由，而女性会对多条理由敏感。这在社会上的表现是，在拥有掌控地位时，女孩们会考虑别人的观点，而男孩们则会采用较为自私、固执的方法。另外，广告商在设计广告时似乎也考虑到了这种不同。研究人员对消费者进行调查，得出的结论是，如果目标是男性，广告商会给产品配上一条引人注目的信息，并在广告的开头特写。相反，如果目标是女性，广告就得用上足够的线索，来引发积极的关联，还要运用图像。一则汽车广告如下：一辆萨博汽车专心致志地行驶在笔直的公路上，前方突然出现岔路口，路牌上，白色的大箭头指示着左右。广告的标题是，"你是否会因为流行因素而放弃你原有的路线？"这则广告想要表达的是，其他制造商会为了大众的喜好而在设计上妥协，但萨博绝不会这样！绝不妥协就是购买萨博的唯一原因。另一方面，我们来看伊卡璐新推出的七种洗发水广告，广告提供了丰富的视觉画面，专门吸引女性的联想力和微妙的识别力。一则广告的画面是放一瓶洗发水在全是美味椰子的夏威夷海滩上，另一则广告以沙漠绿洲旁的埃及金字塔风光为背景，七种产品有七种不同的场景。

1911年，居里夫人在获得诺贝尔物理学奖8年后，又获得了诺贝尔化学奖，成为第一个两次获得诺贝尔奖的人，她被提名为法国科学院院士候选人。选举在喧闹的氛围中进行，结果，投给她的票数和反对她的票数相差并不大。虽然她有杰出的才华，但当时对女性的偏见仍然十分盛行。他们认为，自古以来就低男性一等的女性，是不会在科学界取得成功的。如今，尽管"男人=理性,女人=直觉"的看法已经被我们的文化所抛弃,男人被认为也具备直觉思考能力,但是我们仍然会频频听闻女人的直觉比男人的直觉强的论调。即便现在人们普遍认为直觉是积极的,这种差别还维持着古老的偏见。然而,与人们的普遍观念相反的是,男人和女人有着同样的适应性工具箱。

第五章

世界如此混乱，不如简单应对

> 人类的理性行为由一把剪刀塑造，这把剪刀的两片刀片就是任务所处环境的结构和行动者的计算能力。
>
> ——赫伯特·西蒙

沙滩上的蚂蚁

一只蚂蚁在沙滩上爬出一条弯弯曲曲的路。它时而往右，时而往左，时而后退，然后停住，又复往前。它为什么选择这么复杂的路呢？也许是因为蚂蚁的大脑里有一个复杂的程序，但是这种说法很牵强。我们试图推测蚂蚁的大脑，却忽略了它所处的环境：经过风吹浪打的沙滩、沙滩上的小丘小壑和蚂蚁爬过的路上的障碍。蚂蚁的复杂行为反映出其所处的复杂环境，而不是它的思维。蚂蚁可能遵循这样一个简单的原则：远离太阳，尽快回巢，不要浪费精力去翻越障碍。复杂的行为并不能反映复杂的心理策略。

诺贝尔奖得主赫伯特·西蒙认为,人类也是一样:"被看作行为系统的人类,再简单不过。他们复杂的行为很大程度上反映出其所处的复杂环境。"从这个观点出发,人类对环境的适应几乎和明胶一样,你要了解它凝固后的形式,还需研究霉菌的形状。蚂蚁的道路说明了一个普遍观点:要了解行为,既需了解思维,也需了解环境。

老鼠走迷宫

一只孤独、饥饿的老鼠跑过心理学家所谓的 T 形迷路(图 5-1,左)。它可以往左,也可以往右。如果往左,它会发现,80% 的情况下会得到食物;如果它往右,只有 20% 的情况下得到食物。它找到的食物往往分量很少,所以,它就在迷宫里跑来跑去。在各种实验条件下,如人们所想,老鼠大多数时候会往左。可是,有时候它们也会往右,尽管这不是最好的选择,这个问题困扰着许多研究人员。根据最优化逻辑原则,老鼠应该一直往左,因为这样一来,它获得食物的次数占 80%。或许,老鼠 80% 的情况下会往左,20% 的情况下会往右。它们的这种行为就叫作概率匹配,因为它反映出 80/20 法则。然而,结果表明,它们实际获取到食物的情形明显偏少,远远低于期望值的 68%。老鼠的行为似乎是不理性的。难道是这种可怜的动

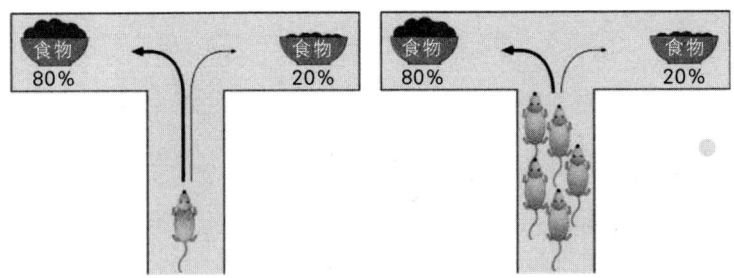

图 5-1 隐藏在数量中的合理性
老鼠经过 T 型迷路,如果往左,它们 80% 的情况下会得到食物;如果往右,它们 20% 的情况下会得到食物。这只老鼠本应一直往左,可是不少情况下,它会往右,即便这样它只能得到更少的食物。有许多老鼠竞争有限的资源时,非理智的行为就会起到作用。如果它们都往左,就会错失右边的食物。

物大脑进化失败了吗?还是老鼠天生就笨?

只要我们去研究老鼠生活的自然环境,就能够理解它们的行为了。在觅食的自然条件下,一只老鼠要想得到食物,就得和其他老鼠和动物竞争(图 5-1,右)。如果所有的老鼠都跑到食物最多的那一边,那么,每只老鼠只能得到一小份食物。有时候,选择次佳道路遇到的竞争会少一些,得到的食物就会多一些,所以这就成为自然选择的一种。因此,老鼠们似乎选择了一种适用于竞争环境,却不适用于当下实验环境的策略,因为在这种实验环境下,个体是被孤立的。

蚂蚁和老鼠的故事说明了同一个观点。要了解行为,我们不仅要了解大脑或思维,还要了解物理和社会环境的结构。

企业文化

新官上任，会在公司搞一些激励人心的主题和雄心勃勃的计划，这些同时也影响着公司的文化。每个人都有自己用以快速决策的经验法则，这些法则往往都是无意识形成的。虽然领导们不会故意将自己的原则强加到员工身上，可是大多数员工会在暗地里学习他们。于是，这些法则就被融入公司的血液，即便这些领导换了，它们也会留存很久。比如，如果一名高管声明，太多的邮件令她生气，那么员工们就不确定该不该发邮件给她。一位怀疑员工缺勤的领导往往会挫伤员工外出参加会议或者接受其他教育机会的积极性。可是，因为每一个人都采用同样的原则，所以，企业文化也改变了：变得或多或少有些开放、兼容和正式。因为这样的行为很难改变，所以，领导们需要认真思考自己的原则传递了什么样的价值观。他们甚至想创造新的原则，根据自己的喜好塑造公司。

我担任马克斯·普朗克人类发展中心主任时，就想打造一个跨学科的研究小组，大家在一起探讨、工作、发表研究文章——这是很少见的事。除非有人真的能创造一个能支持这个目标的环境，不然，这样的合作会在几年内宣告失败，或者根本无从开始。究其原因，主要还是心理障碍。像大多数普通人一样，研究人员也喜欢拉帮结派，他们往往忽略甚至轻视交叉学科。然而，我们如今研究的大多数相关学科并不遵循历史形成的学科边界，而要取得进步，就得突破自身的狭隘观念。所以，我想出了一系列原则——并非逞口舌之快，而是要付诸行动的原则，以创造我所憧憬的企业文化。这些原则有：

所有人处于同一楼层：根据我的经验，相比在同一楼层工作的员工，在不同楼层工作的员工之间的交流要少50%，更别说在不同大楼里工作的人了。人们仿佛还生活在热带草原，只能看到在同一平面的人，而不往上下方向看。所以，当我的组员增多，需要增加两千平方米办公面积时，我采纳了建筑师的建议，新建一栋楼，水平扩展已有的办公室，让每个人在同一平面上。

起点平等：一开始，为确保公平竞争的环境，我同时请来所有的研究人员，并让他们同时开始工作。如此一来，对于这个新公司，谁也不比谁了解得多，也没有人因为年轻而得到关照。

日常的社交聚会：非正式的交流能促进正式的合作。它能创造信任，还能帮助你了解别人的一举一动。为确保最低限度的交谈，我定了一条规矩。每天下午四点，所有人聚在一起谈话，还有人负责倒咖啡。因为参加这样的谈话毫无压力，几乎所有人都愿意参加。

分享成功：如果某位研究员（或某个小组）获得了奖项或是发表了文章，在咖啡时段，他就会请大家吃蛋糕。要注意的是，蛋糕并不是为那些获奖的人准备的。他得自己买或者烘焙,让别人也得到点好处,和他人分享成功,而不是形成嫉妒的风气。

打开门:作为主任,我试着让自己可以在任何时候和任何人进行讨论。这种打开门的政策为那些提倡平等的领导们树立了榜样。

此后,最初的小组成员们已在别处高就,可是这些原则成为我们值得一生铭记的部分,也是我们成功合作的关键。许多惯例已经成为他们生活中的一部分——我组织咖啡时段已经有几年了,可是,无论怎样,他们每天都会出现。我建议所有的领导,将自己的经验法则做成一个心理清单,以判断自己是否希望员工们遵守这些法则。一家企业的精神,是企业领导所创造环境的镜子。

环境结构

思维和环境的相互影响,可用赫伯特·西蒙的比喻来形容。在本章开头引用的格言中,他将思维和环境比作剪刀的刀片。只看到一片刀片,无法了解剪刀如何剪东西,同样,只研究认知或环境,就无法了解人类的行为。这也许是常识,可是,许多心理学家往往从精神主义出发,尝试从态度、喜好、逻辑或想象等方面解释人类的行为,却忽视了人类生活环境的结构。

让我们近看一下环境这个刀片的一大重要结构：不确定性，也就是不断发生惊人、新奇、出其不意事件的程度。我们无法完全预测未来，甚至大致接近都付诸阙如。

不确定性

几乎每天早上，我都会在广播里收听股评家的分析，主持人问一位著名的金融专家，为什么某只股票昨天下跌了，而其他股票上涨了。专家们永远会给出详尽而复杂的解释。可是，采访者几乎不会让专家预测明天哪只股票会上涨。在后见之明中，不确定性是不存在的，因为我们已经知道发生了什么，而且，如果我们想象力足够丰富，一般都能做出解释。但是，想做到先见之明，我们必须面临不确定性。

股票市场是不确定环境的极端例子，其中，预见只是偶然，或接近偶然。《资本》组织的股票选择比赛（见第二章）说明，财务专家的失策并非意外。在斯德哥尔摩最近进行了一项研究，研究人员让投资组合经理、分析师、代理人和投资顾问预测二十只蓝筹股的走势。将两只股票同时呈现在他们面前，让他们预测哪一只走势更好。同时，研究人员还给一组非专业人员布置了同样的任务，他们的预测准确率达到 50%。也就是说，如大家所想：非专业人员只是碰巧，他们的表现不好也不坏。那么，那些专业人员的表现又如何呢？他们预测的准确率只有

40%。对另一组专业人员进行研究，也得到了同样的结果。专业人员的预测怎么能连续输给偶然呢？他们的预测是基于自己所掌握的复杂信息，因为这个行当竞争激烈，各位专家的选择往往大相径庭。由于不是每个人都能保持正确，所以这种变化差异性导致了专家的整体表现低于随机水平。

并不是所有的环境都如股票市场那么不可预测，可大多数环境都具有不可预测性。包括政治科学家和柏林墙两侧的人们在内，没人预测过柏林墙会倒塌。1989年的加利福尼亚地震、婴儿潮的人口爆炸和个人电脑的出现，让那些预言家目瞪口呆。很多人没有意识到这个世界可以预测的部分微乎其微，所以不论是公司还是个人都把大量的钱用在战略咨询上。每年，作为"算命者"的"预测行业"——世界银行、股票经纪公司、技术咨询师和商业咨询公司，能赚到2000亿美元，尽管他们的业绩记录并不好。对于非专业人员、专家和政治家来说，预测未来都是一大挑战。温斯顿·丘吉尔就曾抱怨说，未来就是一件接一件的破事。

适应不确定性很简单

众所周知，在预测未来时，我们要用上尽可能多的信息，并将信息输入运算能力强大的电脑。他们常说，复杂的问题需要复杂的解决方案。实际上，在不可预测的环境里，反过来做才是正确的。

辍学的中学生

马蒂·布朗的两个儿子都处于青春期。他计划将小儿子送到怀特中学或者格雷中学。大儿子中途退学，令马蒂非常困扰，于是他决定把小儿子送到一所辍学率低的学校。可是，两所学校都未公开有关其辍学率的可靠信息。所以，马蒂自己收集信息，来推测两所学校将来的辍学率，这些信息包括学校的出勤率、写作得分、社会科学分数、英语作为第二语言计划的实用性和班级规模等。从早期对其他学校的了解，他知道这些信息中哪些才是重要的线索。从某种程度上说，是他的直觉告诉他，怀特中学是更好的选择。于是他把小儿子送到了怀特中学。

马蒂的直觉是对的吗？要回答这个问题，我们需要看看下面的分析。首先，我们要了解致使他形成这种直觉的经验法则；其次，分析这个法则运行的环境。一系列心理学实验表明，人们的直觉判断往往（并不总是）只基于一个很好的理由。一种名叫"采纳最佳"的启发法解释了单一理由决策如何产生直觉。让我们假设马蒂就采用了"采纳最佳"启发法。他只需要一种基于对其他学校的了解的主观直觉，以判断哪些线索更为重要（不一定是最重要的）。假设最重要的线索先后是出勤率、写作得分和社会科学成绩。他运用启发法，仔细看这些线索，并用"高"或"低"来排列它们的价值。如果根据第一个线索出勤率，足够做出决定，那么这个过程到此为止，其他的信息也忽略不计；如果不能，再看第二个线索。以下是具体的说明：

	格雷中学	**还是怀特中学**？
出勤率？	高	高
写作得分？	低	高

停止并选择怀特中学

第一条线索——出勤率，并不是决定性的，所以才来看写作得分，根据这条线索就能做出决定了。于是，马蒂停止研究，推断怀特中学的辍学率较低。

可是，基于这种经验法则的直觉准确性有多高呢？如果马蒂用了许多其他的理由，就像富兰克林的资产负债表法一样，对它们进行衡量与结合，那么，他选择正确学校的概率会不会大一些呢？我想，在1996年以前，几乎每个人都会认为答案是肯定的；此后，我在马克斯·普朗克研究所的团队就发现了单一理由决策的重要性。以下是一个简短的故事。

由于辍学的原因会因地域而不同，我们先以大城市为例，比如芝加哥。多条线索是否比单条线索好？为测试这个问题，我们收集了57所学校有关辍学率的18条线索，其中包括低收入家庭学生的比例、英语水平有限的学生、西班牙语国家学生、黑人学生、SAT平均分、教师的平均收入、家长参与率、出勤率、

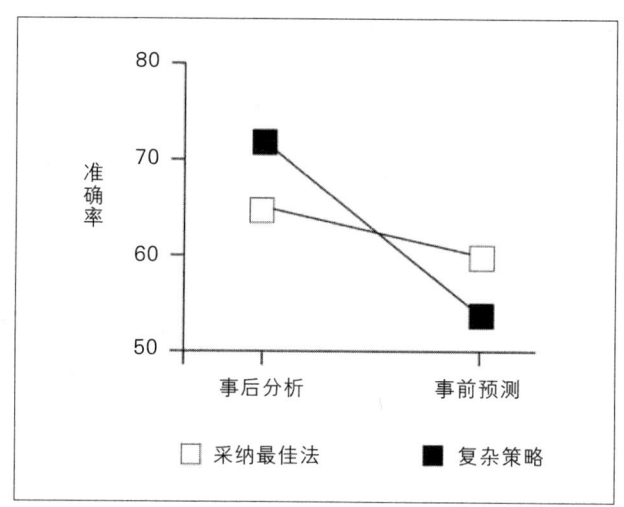

图 5-2　基于简单经验法则的直觉比经过复杂计算得出的结果更准确
我们如何预测芝加哥哪所学校的辍学率较高呢？如果已知了所有中学的信息（后见之明），那么，复杂的策略（多元回归）就更有效；可如要预测未知的辍学率，那么，简单的经验法则（"采纳最佳"）就更准确。

写作成绩、社科成绩和英语作为第二语言计划的实用性。此刻，我们正系统地研究马蒂面临的问题。我们如何预测哪个学校的辍学率高一些呢？根据富兰克林的法则，我们一定要把18条线索都考虑进去，要认真衡量每一条线索，然后做出预测。富兰克林法则的现代版本，叫作多元回归，快速计算机为这个方法提供了方便。其中的"多元"就代表多条线索。它判断出每一条线索的"最优"价值，再把它们相加，就像富兰克林的法则一样，不过，它要经过复杂的计算。我们的问题是，与这种复杂的策略相比，简单的"采纳最佳"策略准确性有多高呢？

为回答这个问题，我们进行了一个计算机模拟，并将半数学校的信息输入进去——18条线索和学校的实际辍学率。根据这些信息，用复杂的策略判断"最优"价值，用"采纳最佳"法给这些线索排序。然后我们再拿剩下的学校进行测验，用上这些线索，但不直接采用与辍学率相关的信息。这就是图5-2中的"预测"，与马蒂面临的情况一致，他也了解过一些学校，但并不了解自己需要选择的两所。作为对照，我们在具备以上所有学校的所有信息的条件下，对两种策略都进行了测试。这种"后见之明"的任务就是在事实发生后拟合数据，因此不算预测。那么，结果如何呢？

简单的"采纳最佳"法预测的效果比运用复杂策略预测的效果好（见图5-2），而且它用到的信息更少。在得出结果前，这种方法平均用到三条线索，而复杂的策略衡量并综合计算了所有18条线索。要解释关于学校的已知信息（后见之明），最好用复杂的策略。可若要预测未知的东西，一条好的理由比全部理由有用。如果马蒂的直觉是"采纳最佳"，那么，比起用复杂的电脑程序认真衡量后再综合所有有效线索做出决定，他根据单条理由更可能做出正确的选择。这一结果教会了我们重要的一课：

> 在不确定的环境中，好的直觉一定要忽略信息。

可是，为什么在这个例子中忽略信息有好处呢？中学辍学率是高度不可预测的——好的策略在60%的情况下能正确预测出哪所学校的辍学率高（要注意，其中50%纯属偶然）。就好比金融顾问能很好地解释昨天的股票结果一样，复杂的策略能够衡量多种原因，使作为结果的等式与我们已知的东西相符。然而，图5-2清楚地表明，在一个不确定的世界里，复杂的策略可能不起作用，因为它过多地去解释后见之明。对于将来的预测，只有一部分信息是有用的，直觉的艺术就是注重这一部分，忽略其他的部分。根据最佳线索做决定，这样的原则虽简单，却更可能发现有用的信息。

根据简单的策略不仅对像马蒂这样忧心的父母带来个人影响，它同时也影响着公共政策。根据复杂的策略，预测中学辍学率最好的因素依次为学校西班牙语国家学生的比例、英语水平有限的学生和黑人学生数。相反，"采纳最佳"原则将出勤率排在第一位，然后是写作得分，再是社科成绩。经过复杂的分析后，政策制定者或许会建议，帮助少数族裔学生进步，同时支持英语作为第二语言计划。而那个更加简单、实用的方法主张政策制定者注重学生的出勤率，同时更全面地教给他们基础知识。不仅是准确性，就连我们的政策也危如累卵。

这一分析还可以解释哈里使用资产负债表法在两个女朋友中做出选择时的矛盾（见第一章）。毕竟，选择伴侣具有高度的不确定性。也许，哈里的直觉遵循了"采纳最佳"的原则，他的心跟着最重要的那个理由走。在那个例子中，哈里的直觉胜过复杂的计算。

是否存在完美的解决方案

如果不能证明有更好的策略存在，那么，现在的解决策略就是最优策略。一些怀疑分子也许会问，为什么直觉要依赖经验法则，而不是最优策略呢？用最优策略解决一个问题，就意味着既存在最佳答案，也存在找到最佳答案的策略。电脑似乎是找出最佳答案的理想工具。然而，矛盾的是，高速电脑的出现让我们看清了这样一个事实：最佳策略通常是找不到的。让我们来试着解决下面的问题。

50市竞选巡游

一位政治家要竞选美国的总统，于是计划在50个大城市进行巡游。时间临近，候选人带着一队汽车出发。她希望巡游开始和结束都在同一座城市。那么，最短的路线是什么呢？组织者们毫无头绪。那么多人，难道就想不出最短的路线吗？这看似一个很简单的任务。只需判断所有可能的路线，测出总的距离，然后选择最短的路线就行了。比如，巡游5个城市，只有12条不同的路线。我们使用便携式计算器，几分钟就能算出最短的路线。然而，如果是10个城市，就已经有18.1万条路线，如此，计算就有些吃力了。50座城市，就有大约300 000 000 000 000

000 000 000 000 000 000 000 000 000 000 000 000 000 000 000 000 条路线。就连最快的电脑也不可能在一个世纪或者一千年内计算出这些路线。这样的问题就叫作"连计算机也感到棘手"的问题。换句话说,不管我们有多聪明,都不能判断出最佳路线。选择最佳答案,也就是最优化,是无法实现的。当最优化不可行时,我们要做些什么呢?欢迎来到经验法则的世界。在这个世界里,问题就变成了:我们如何找出还算不错的答案?我们还在思考时,组织者们已经计划好了行程:与上一位候选人的路线一样,只是因为几条高速公路关闭而改变了几条路线。

游 戏

就拿三子棋来说。玩家 1 在九个格子中选一个画上 ×,玩家 2 在剩下的格子中选一个画上〇,然后玩家 1 再画一个 ×,如此继续。如果某个玩家在同一行或者同一列画齐三个 × 或〇(对角也算),就算获胜。1945 年,芝加哥科学与工业博物馆的入口处放了一台机器人,它站在那里邀请参观者们一起玩三子棋。令人吃惊的是,他们永远赢不了机器人。要么机器人赢,要么打成平局,因为它知道这个游戏的最佳方案。

玩家 1 在中央的格子里画 ×。如果玩家 2 在某一行的中间画一个〇,如图 5-3 所示,然后,玩家 1 再在相邻角落的格子里画 ×,这样就逼得玩家 2 牺牲下一个〇去阻止玩家 1 画齐三

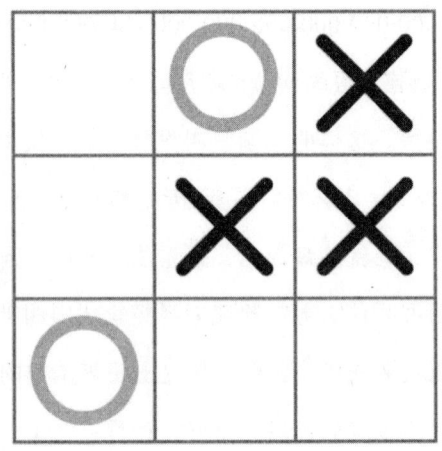

图 5-3　三子棋。你能找出最佳策略吗？

个 ×。然后，玩家 1 在画好的两个 × 相邻的中间的格子里画一个 ×，如此，输赢已成定局。同样，如果玩家 2 将第一个 ○ 画在角落，玩家 1 也能将比赛拉成平局。靠这种策略，要么赢，要么平，总之不可能输。

在这个例子中，找出答案所用到的方法是计算和分类。比如，第一步有三种选择：中央、角落和中间格。九个格子都包含在这三类里。剩下的就是计算接下来可能走的地方。像三子棋这样简单的游戏，我们知道它的最优策略。这是好事吗？是，也不是，因为知道了最佳策略，游戏就不好玩了。

然后再来看国际象棋。每一步平均都有 30 种可能，20 步就有 30 的 20 次方种结果，大约是 350 000 000 000 000 000 000 000 000 000 种结果。比起上面的竞选巡游，这已经算是小数目了。弈棋程序能判断20步的最佳顺序吗？IBM的弈棋程序"深蓝"能在一秒内计算出2亿种可能的走法。以这样惊人的速度，"深蓝"要想提前算好20步棋，并选出最佳走法，还需55万亿年。（宇宙大爆炸也不过在140亿年前。）更何况，20步还不是一局完整的棋。结果表明，像"深蓝"一样的弈棋程序无法找出最佳的下棋顺序，和国际象棋大师们一样，它们也得依靠经验法则。

我们又怎么知道是否能找出某种游戏或者某个问题的最佳解决方案呢？如果能找到完美方案的唯一已知方法就是检查一定的步数，而这些步数是随着问题规模的扩大而呈指数级增长的，那么，问题就变得很"棘手"。国际象棋是"连电脑也感到棘手"的问题，就像经典的电脑游戏俄罗斯方块和扫雷一样。

这些游戏说明，即便问题明确，也很难找出最佳解决方案。天文学界有一个著名的例子——三体问题。三个天体——比如地球、月球和太阳，在相互的万有引力作用下运动。我们如何预测它们的运动呢？关于这个问题，尚没有适用于一般情况的答案，但是两体问题已经可以解决。如果是地球上的生物，即便两个也无法解决。不可能完美地预测它们相互吸引的动态，尤其是它们的吸引还是情感上的。在这种情况下，好的经验法则就必不可少了。

不明确的问题

如国际象棋和围棋一类的游戏都有明确的结构。能够允许的移动都有规则限定，违规的下法一眼就能看出来，输赢都是很明确的。但另一方面，政治辩论的输赢就不好判断了。它既没有清楚地定义哪些行动是允许的，也没有明确的输赢。难道是更好的论据、说辞，或者打趣话能保证胜利吗？和象棋不一样的是，在辩论中，可能出现两边选手都取得胜利的情况。同样，在大多数讨价还价的情形中，买家和卖家之间的原则、员工和工会之间的原则并没有完全指定，且需要在过程中进行协商。在日常生活中，我们只了解一部分原则，再厉害的人也只能在局部颠覆原则，或者，人们故意把原则说得很模糊。不确定性是普遍存在的；欺骗、撒谎和犯法也是可能的。所以，要赢得一场战争、领导一个公司、抚养孩子，或者投资股市，并没有最佳的策略。但是，不错的策略还是有的。

事实上，人们往往喜欢含糊其词，并不把话说透。这在法律合同中也适用。许多国家的法律都要求列出每一方行为的所有可能的结果，包括惩罚。可是，每一个聪明的律师都知道，无懈可击的合同是不存在的。再者，大部分人在签订法律合同时，都觉得最好留些余地，不要写得太清楚。如法律专家罗伯特·斯科特（Robert Scott）所说，人们会察觉到，凡事不可能百分百确定，于是将赌注下在互惠主义这个心理因素上，而在签订合同时，这种心理因素是双方共同具有的强烈动机。列出所有的可能性，这似乎是对对方的不信任，而且，这样做实际上是弊大于利。

对思维与其所处环境的匹配性的研究还处在初期阶段。然而，社科界最普遍的解释还是只看到西蒙的一半刀片，要么注重态度、特征、喜好和其他思维因素，要么注重如经济和法律结构等外在因素。要了解思维如何运行，我们必须看到外部的东西，而要了解外部的情况，我们也要研究内部的东西。

第六章
为什么好的直觉没有逻辑

> 我们生活在一个花花世界,这里的事物各不相同,各具特色,各行其是。通过规则,我们将这个世界描述成一个复杂的拼接之物,而非一个完整的金字塔。它们并没有遵循那些公理和定理简洁而抽象的结构。
>
> ——南希·卡特赖特(Nancy Cartwright)

如果有人邀请你参加一个心理实验。实验者问你以下问题:

琳达31岁,单身,她是一个率直且非常开朗的人。她学的是哲学专业。在上学期间,她非常关心歧视和社会公平之类的问题,还参加过反核武器游行。

下面两种说法,哪一种更有可能?

琳达是一名银行出纳员。

琳达是一名银行出纳员,而且活跃于女权运动。

你会选择哪一种呢？如果你的直觉和大多数人一样，那么你会选第二种。然而，阿莫斯·特沃斯基（Amos Tversky）和诺贝尔奖得主丹尼尔·卡尼曼（Daniel Kahneman）却说，这个答案是错误的，因为它与逻辑相悖。将两个事件（琳达是一名银行出纳员，并且活跃于女权运动）并列，其可能性并不大于单独一个事件（琳达是一名银行出纳员）。换句话说，子集永远不可能大于集合本身。"无论怎样，A 的可能性不可能小于（A&B），反之就是错误的。"他们把大部分人共有的直觉叫作"并列谬误"。琳达的问题用以说明人类根本没有逻辑，此外，该问题还可用来解释各种经济和人类灾难，其中包括美国的安全政策、人们担心核反应堆会泄露或保险不到位等。进化生物学家史蒂芬·杰·古尔德写道：

> 我非常喜欢琳达的例子，因为我知道，组合的可能性是最小的，但是，我的头脑中还有一个小人儿在上蹿下跳，对我讲"但她不能只是一名银行出纳员啊，看看这段描述吧"……为什么我们会不断犯这些逻辑错误呢？特沃斯基和卡尼曼说，（不管出于什么原因）我们的大脑并不是根据可能性原则运行的。

史蒂芬·杰·古尔德宁愿相信小人儿的直觉，也不愿相信自己的有意识思考。一些赞同并列谬误的专业学者认为，数学逻辑是判断决策是否理智的基础。在琳达的问题中，理智思考的逻辑定义所能用上的所有词语是"和"以及"可能",也就是只有一种意思是正确的:合乎逻辑的"和"与数学上的"可能性"。我把这种逻辑准则叫作"内容盲区",因为它们忽视了思考的内容和目标。死板的逻辑准则忽视了这样的情况:智能是在一个不确定的世界里运行,而不是在人为确定的逻辑体系中,它需要我们去探索已知信息以外的东西。在琳达的问题中,不确定性的主要来源就是"可能""和"这些词的意思。它们各自都有很多含义,这一点我们不难在英语词典中查出来。先来看"可能"的意思。它的一些解释与数学概率有关,比如"经常发生的事";可是,大部分意思是无关数学概率的,比如,"貌似合理的""似乎可信的"和"是否可证"。如我们在第三章中所见,知觉用智能经验法则解决了这个模糊不清的问题,我认为,高阶认知也是用同样的方法。我们的思维用以了解语言意思的无意识法则就是"相关准则"。

> 假设说话者遵循的原则是"相关"。

无意识的推理是这样的:如果实验者将对琳达的描述读给我听,这很有可能与他希望我去做的任务相关。可是,如果听的人将"可能"理解成了数学概率,那么这个描述就变得彻底不相关了。因此,"相关准则"表明,"可能"的意思一定要与描述相关,比如,它是否可信。"看看这段描述吧"——古尔德的小人儿就明白这一点。

　　对于琳达的问题，大多数人的回答是依据推理谬误，还是聪明的谈话直觉呢？为了回答这个问题，我和拉尔夫·赫特维希（Ralph Hertwig）让人们向某个不讲本地语，也不知道"可能"的意思的人解释琳达的情形。大多数人使用的是非数学意义，比如：是否可能、可信、合理和有代表性。很少人使用"经常"或者其他数学术语。这表明，正是谈话直觉而非逻辑谬误在任务中发挥了具体作用，尤其是根据谈话原则判断某个模糊说法的意思的能力。为对这个假说进行进一步检测，我们将"可能"这个模糊的词换成清楚的说法"多少个"：

　　共有100人符合以上的描述（比如，琳达）。其中有多少人是：

　　银行出纳员？

　　银行出纳员和积极的女权运动活跃分子？

　　如果人们不明白集合不可能小于子集，继续犯这种逻辑错误的话，那么，这个新的问题版本还会得出与老版本一样的结果。如果人们用聪明的直觉来推理"可能"的含义，以便让有关琳达的描述与这个词语相关，那个所谓的逻辑谬误也就不存在了。事实也正是如此（见图6-1）。该结果与瑞士心理学家巴贝尔·英海尔德（Barbel Inhelder）和让·皮亚杰（Jean Piaget）的早期

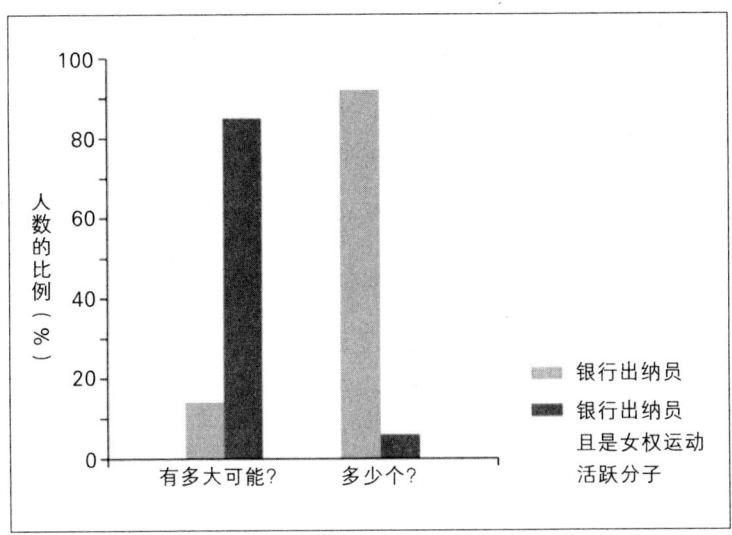

图 6-1 琳达问题的分析

研究一致,他们曾以孩子为对象做了同样的实验——是花多一些,还是报春花多一些?结果得出,8岁时,大多数孩子的回答都是花多一些。并没有问及孩子们具体数量,或者可能性有多大。如果在此之后,大人们连8岁孩子所明白的东西都弄不明白,那就非常奇怪了。在琳达的问题中,逻辑并不是用以了解"哪种情况更可能"的合理标准。人类直觉尤其丰富,它们能在不确定的情况下进行合理的猜测。

琳达的问题,以及由此引起的数百种研究,说明对逻辑的痴迷是如何导致研究人员提出错误问题的。问题并不是人们的直觉是否遵循逻辑定律,而是哪些无意识的经验法则能构成对意思的直觉。下面,我们来看一个人们最自然语言理解的例子。

佩吉和保罗

在初阶逻辑中,"和"是"可交换的",也就是说,A"和"B等同于B"和"A。然而,我们在理解自然语言时却不是这样。比如,看下面的句子:

佩吉和保罗结婚了,并且佩吉怀孕了。
佩吉怀孕了,并且佩吉和保罗结婚了。

凭借直觉,我们知道两句话传达的是不同的意思。第一句话表明,怀孕在结婚之后;第二句话表明,怀孕在结婚之前,而且可能是导致结婚的原因。如果我们的直觉遵循逻辑,将"并且"看成逻辑性的"并且",那么我们就无法注意到两句话的不同。"并且"可指代按时间顺序的关系,或者随意的关系,两者不可交换。再看两组句子:

马克生气了,并且玛丽走了。
玛丽走了,并且马克生气了。

维罗纳在意大利,并且巴伦西亚在西班牙。
巴伦西亚在西班牙,并且维罗纳在意大利。

我们一眼就能明白，第一组句子传达的是相反的信息，而第二组句子的意思完全一样。只有在最后一组句子中，"并且"才采用了逻辑性的"并且"的意思。同时，我们不用想就知道"并且"什么时候可当成逻辑上的"或者"，比如，在这个句子中：

我们邀请了朋友和同事。

这个句子中的"和"表示朋友和同事的合集，而不是交叉。不是每一个人都既是朋友又是同事，大多数人或者只是朋友，或者只是同事。在这里，直觉违反了相关原则，但并不会造成错误的理解。事实上，它向我们表明自然的语言比逻辑更复杂。

我们的大脑如何一瞬间就推断出"并且"在不同背景下的意思？这些推断具有直觉的三个特征：我知道它的意思，我根据这个意思来理解，可我不知道自己是怎么知道这个意思的。一个单独的句子就是一种背景，那么，线索就得从句子的内容中找。直至今日，语言学还在努力找出构成这种智能语言直觉的经验法则。不像我们，任何电脑程序都无法解码一个带有"并且"的句子。这种有趣的无意识流程，我们只了解其中的一部分，可是我们的直觉却在第一眼就了解了。

乐观者之蜜糖，悲观者之砒霜

构想的定义是"用不同的方法表达在逻辑上相同的信息（无

论是数字的还是言语的)"。比如,你的母亲正在为是否进行一次难度很大的手术而犹豫不决。医生告诉她,本次手术死亡的可能性占10%。就在同一天,另外一个病人也要求进行同样的手术。而医生对他说,他幸存的概率是90%。

从逻辑上看,上面两种陈述并没有什么不同,因此,具有逻辑思维的心理学家们认为,对此,人类的直觉也应该是中性的。他们声称,人们不必在意医生的说法是90%的幸存概率(积极构想),或者10%的死亡概率(消极构想)。可是病人们在乎这些。医生使用积极构想,向病人传递的信号就是——手术是最好的选择。事实上,如果医生使用积极构想,病人接受治疗的情况会多一些。然而,卡尼曼和特沃斯基的解释是:构想意味着人们不能将医生的两种答案转换为一个共同的抽象形式,他们深信"凭借强烈的吸引力,构想对类似知觉幻觉的影响大于计算误差"。

我不同意这一点。构想能够传递那些被纯逻辑忽视的信息。下面我们来看最著名的构想例子:

杯子是半满的。

杯子是半空的。

根据逻辑准则,人们的选择不该受到这两种描述的影响。那么,这种描述真的无关紧要吗?在一次实验中,桌子上放了一满杯水和一个空水杯。实验人员要参与者将一半的水倒入另一个杯子,然后将半空的杯子放在桌边上。他会选择哪一杯呢?大多数人会选择之前满的那一杯。而当实验者让其他参与者移动半满的杯子,大多数人会选择之前空的那一杯。这个实验表明,对于某个要求的构想可以帮助人们提取有关动态或历史情境的剩余信息,帮助他们猜测其中的意思。直觉再一次证明它比逻辑更加丰富。当然,构想有时候也可能误导人们。但这并不意味着构想就是不合理的。任何交流工具,从语言到百分数,都可能被利用。

如今,在许多学科中,人们已经意识到了构想的潜力。著名的物理学家理查德·费曼强调,要从同样的物理定律中派生出不同的构想,即便这些构想从数学角度看是等同的。"从心理学角度讲,它们是不同的,因为当你试着猜想新的定律时,它们是完全不可等同的。"通过对同样的信息进行不同的再解构,费曼有了新的发现,他的著名图表就能体现出他在陈述中强调的重点。而心理学家们还在冒险将心理学置于纯逻辑中。

连锁店悖论

诺贝尔经济学奖得主莱茵哈德·泽尔腾(Reinhard Selten)让"连锁店问题"备受关注,据他证明,对竞争对手采用进攻策略是没有用的。问题如下:

一个叫作"天堂"的连锁店,在 20 个城市开有分店。它的竞争对手"涅槃"打算开类似的连锁店,而且正在逐一判断是否进入这些城市的市场。一旦有竞争者进入当地市场,"天堂"的应对方式,要么是进行进攻式的掠夺性定价,这样会让双方利益都受损,要么进行合作定价,这样的结果就是利益均分。第一家"涅槃"商店进入市场时,"天堂"会如何应对呢?是掠夺还是合作?

人们也许会认为,在对手刚出现时,"天堂"应该选择进攻式的回应,以阻止它继续进入市场。但是,站在逻辑的角度,泽尔滕证实,最好的选择是合作。他运用了著名的"逆向归纳法",即从后往前推。如果 20 家竞争门店都进入了市场,就没有进攻的理由了,因为后面就再也没有挑战者了,因此也不会再损失利润了。假设"天堂"对最后一家竞争门店采取合作策略,那么,对第 19 家就没必要采取进攻方式了,因为大家都知道,已经阻止不了最后一家竞争门店了。如此,对于"天堂"来说,理性的做法就是也和最后两家竞争门店合作。同样的道理也适用于第 18 家门店,依次倒推到第 1 家。泽尔腾的逆向归纳法结果表明,该连锁店应该从一开始就采取合作策略,在每一座城市,从第一家竞争门店到最后一家竞争门店。

可故事并未就此结束。看到结果后,泽尔腾发现,这个在逻辑上正确的证据在直觉上却不可信,他宁愿跟着自己的直觉走，采取进攻性策略，以阻挡其他商店进入市场：

> 如果它失败了，我会觉得不可思议。我从和朋友及同事的谈话中了解到，大多数人都有这样的倾向。事实上，到现在为止，我还没遇到过说自己会根据（反向）归纳理论做事的人。经验得知，有数学素养的人知道归纳说法在逻辑上是正确的，可是，他们仍然拒绝将其作为实际行为的向导。

那些不了解莱茵哈德·泽尔腾的人或许会怀疑他是一个十分好斗的人，认为他的冲动压倒了思想，可他并不是这样的人。泽尔腾的逻辑和直觉之间的冲突让他自然而然选择了进攻性策略。如我们多次所见，逻辑说法可能与直觉产生冲突。此外，我们还看到了，在现实生活中，直觉往往是更好的向导。

好的直觉会超越逻辑

长久以来，人工智能（AI）都在试图建立能实施抽象行为的能力，这一活动的开展只能通过屏幕或打字机来实现，比如下国际象棋。人们认为思维的本质是逻辑性的，而不是心理上的。逻辑是一个理想的抽象系统，就像在某个数学论证中，演绎推理的恰当程度是命题真实性的标准。然而，少有逻辑学家会说，逻辑能提供一切思维的标准。一个世纪前，实验心理学之父威廉·冯特（Wilhelm Wundt）就指出了逻辑定律和思维过程之间的不同：

> 从亚里士多德时代到现代逻辑科学，人们认定最确定的方式就是用逻辑思维的法则对整个过程进行心理分析。但是这些形式只是思维过程中的一小部分。试图用这些形而上的、心理学感觉来解释这个世界的尝试，只能导致事实在逻辑思考中变得混乱。实际上，我们可以说，这些由结果来评判的尝试绝对是徒劳的。因为它们忽略了心理过程本身。

对于冯特的观点，我再同意不过。然而，如我们所知，许多心理学家将逻辑形式当作通用的认知分析法，许多经济学家则将其当作理性行为的通用分析法。再比如，皮亚杰的研究涉及一切知识的增长，从一个小孩的智力发育到人类的智力发展历史。在他看来，认知的发展是整个逻辑结构发展的基础。逻辑的典范已深深嵌入我们的文化，所以，即便是那些批判皮亚杰的学说、认为其犯有经验错误的人们也常常将其当作良好推理的通用标准。而反对这个标准的人，往往被诊断为认知幻觉，比如并列谬误。

社科院的学生们会遇到一些有趣的课，课上，老师会讲，有一些愚蠢的人，他们不断徘徊在逻辑的道路上，而迷失在直觉的迷雾中。然而，逻辑标准忽视了我们的文化，也忽视了我们进化的能力和环境结构。所以，从纯逻辑角度看属于错误的东西，在真实世界里却是一种高度智能的社会判断。好的直觉一定会超越已知信息，因此，也会超越逻辑。

GUT FEELINGS

第二部分　无意识的行为

> 一个新的科学真理并不是靠说服反对者并让其看到真理的光芒而取得胜利，而是靠等到反对者死去，熟悉它的新一代人类成长起来而达到的。
>
> ——马克斯·普朗克

第七章
信专家不如信自己

声誉比财富更宝贵。

——塞万提斯

门铃响了。男主人急忙冲到门口,迎接晚宴的第一位客人。他打开门,转身对妻子说:"介绍一下我的新同事,黛比和罗伯特。"然后,他转向客人:"介绍一下我亲爱的妻子,嗯,啊,嗯……"这时,他一脸慌张的神情,直到妻子替他解围,"珍妮。"她礼貌地说。

如果某个人的名字到了嘴边很久都说不出来,那么,这段时间是漫长而煎熬的,尤其是当这个人与你有着亲密关系的时候,说不定还会更糟。想不起某个人的名字,这种情况更常见于老人身上,尤其是带有Y型染色体的老人。然而,如果丈夫不记得妻子的名字或面孔,便会失礼于各种场合。人们会认为他有病,最终还可能被送至精神病院。不管是在生命的起始,还是末期，认知记忆都比回忆记忆更可靠、更基本。比如，如果没有认出某个人，那么就很难想起关于这个人的个人信息。认知记忆是我们具有的一种进化能力，再认启发法就是利用这种能力发挥作用的。我们已经对认知有了初步的认识，让我们继续来了解它。

任何经验法则都不可能指导某人的一生。下面是关于里斯的故事，它试图探究在日常生活中，纯认知如何塑造我们的直觉和情感。

名字，名字，名字

里斯出生在华盛顿州的斯波坎市，他也是在那里长大的。最近，他被提名为一项杰出急诊室病人看护奖项的候选人，并受邀到伦敦领奖。在美国的其他地区旅游时，他非常羡慕别人能说自己来自纽约或其他不会引起人们再追问"哪儿"的地方。他在斯波坎接受护理教育，地址就在科达伦的矿场旁。"金矿和银矿。"他说这些时，常常两眼空空，还要加以补充，而听者也只能说："哦，是的。"他一般都不忘补充一下，斯波坎是布屈·卡西迪和圣丹斯·基德（《日落黄沙》中的主角、臭名昭著的银行和列车大盗）莫名死亡的地方。而人们往往这样回答他："我看过这部电影。很不错，可那不是在玻利维亚拍摄的吗？"不管事实怎样，至少人们知道这些名字，并与他的故乡联系起来，这终于能让他感到一丝重要性。

在去伦敦的飞机上,里斯的旁边坐着一个身着香奈儿套装的英国女人,她问他是做什么的。里斯回答说他在威斯敏斯特的诊所工作,还希望她听说过这家诊所。在聊天的过程中,他告诉她,为了让孩子们上大学,他还投资股票,但他从不买自己没听过名字的股票。他认为正确的投资策略非常重要,因为他想让孩子们接受好的教育,而不是像自己一样,最终只能上一所无名的大学。他三岁的女儿已经知道米老鼠和唐老鸭了。她喜欢看迪士尼电影,喜欢吃巨无霸(汉堡)。一听到麦当娜和迈克尔·杰克逊的名字,她就会面露喜色,尽管她对音乐一无所知。小姑娘经常要他买电视上做广告的玩具,对没见过的人,她也会感到害怕。就在上飞机的前一天,她生病了,里斯并没有带她去最近的诊所,而是开车带她去找一位熟悉的医生。

到了伦敦后,他才知道,晚宴上需要穿礼服。他没有燕尾服,也不知道去哪里买。于是,他在网上搜"伦敦裁缝",他在结果中找到了"赛维尔街",于是迅速去那里买了一件晚礼服。参加晚宴时,他站在一个大宴会厅里,不安地扫视着那些穿着黑白衣服的人,却见不到一张熟悉的面孔。看到飞机上那个女人时,他才松了一口气。里斯是这个奖项的第二名,他在这里过得非常愉快,直到最后一天,他的一个包被人抢走了。警察要他描述那个抢包的人,他也讲不出有用的信息,可是后来,到了警察局,他认出了那个人的照片。回到斯波坎的家里,和家人在一起,里斯非常高兴。新的环境和面孔让他感到紧张,而熟悉的环境和面孔让他感到放松，甚至亲密。

认知记忆

　　认知记忆就是从之前的体验中发现新的东西或者将旧事物从新事物中区分出来的能力。认知和记忆将我们的世界分成三种记忆状态。将造访我办公室的人分成三种：不记得样子的人、认识但却想不出任何与之相关信息的人，以及认识同时也能想起某些信息的人。要注意的是，认知记忆并不完美，我的"似曾相识感"并不好，见过的人也会忘记。但是，这种错误也没什么大不了，因为，我们很快就会了解，遗忘对认知启发法是有益的。

　　认知的能力要与环境结构相适应。银鸥要认出它们的雏鸟，才能救回它们。它们的巢在地面上，雏鸟很容易跑出来，被附近的动物杀死。可是，它们并不认识自己的蛋，还高兴地孵在其他银鸥的蛋上，据一名实验者说，有的还会扑在木桩上孵蛋。自然界中，由于缺乏认知能力而被利用的情况也并不鲜见。比如，欧洲的布谷鸟，由于其他鸟类无法认出自己的蛋和后代，它们就利用这一点，把自己的蛋下在别人的巢里。而巢的主人似乎把这个经验法则定格在了自己的脑中："凡是巢中的小鸟都得喂养。"在这种特殊的鸟类环境中，鸟巢是分开的，雏鸟不能在鸟巢间移动，所以，在照顾雏鸟的过程中，就不需要个体的认知。

相反,人类辨认面孔、声音和画面的能力是超强的。在一连串的叹息、声响、味道、气味和触感中,有的是新鲜的,有的是很久之前的体验,我们很容易就能将两者区分出来。在一项著名的实验中,在5秒内给参与者们看一万张图片。两天后,他们正确地辨认出了8300张。此外,任何电脑程序在人脸识别上都比不过小孩子。为什么会这样呢?如我们在第四章中提到的,有少数物种会与不相关的成员进行互惠交换,人类就属于其中一种,比如,他们会交换商品、参与社交或自发组成某些小团体。如果我们不能识别出面孔、声音或名字,我们就无法说出自己之前遇到过什么人,也就想不起谁曾与我们公平交易、谁曾欺骗过我们了。因此,互惠互利的社交——"我今天和你分享我的食物,明天你也让我得点利益"也就无法得到保持和强化了。

其他类型的记忆(比如回忆)遭到损坏后,认知记忆仍然存在。丢失记忆的老年人和脑部受损的病人说不出某些物体的特征,也记不起遇到它们的时间。可他们往往知道(或是某种表现表明)自己以前见到过这种东西。比如R的例子,一位54岁的警察,患有严重的健忘症,认不出熟人,甚至连他的妻子和母亲都认不出来了。有人也许会说,他丧失了认知能力。可是,在一项测试中,测试人员给他看两张照片,一张是名人的照片,另一张是普通人的照片,他能够像正常人一样准确地指出哪一张是名人的照片。事实上，他只是对熟人相关信息的记忆能力遭到了损坏。因为，就算所有的器官都坏了，认知也会继续运作，我将这看作原始心理机制。

第一章中的那个价值一百万的问题表明，认知启发法的目的不是认出物体，而是推理出其他东西。下面我们来详细了解一下。

谁会胜出

认知启发法是适应性工具箱中的一个简单工具，它能引导我们进行直觉性判断、推断和个人选择。如果存在单一的、清楚的标准，那么判断就叫作"推断"，比如，道琼斯股票本周是否会上涨，或者某个运动员是否会在温布尔登赛场上取得胜利。推断可以是正确的，也可以是错误的，正确的推断能够赚钱，错误的推断会损失钱。如果没有单一的、清楚的标准，判断就叫作"个人选择"——选择一条裙子、一种生活方式，或者伴侣。个人选择更多是品位问题，而不是客观的对错问题，尽管两者之间的界限有时是模糊的。

我们首先来看个人选择。一位商业学教授曾告诉我，他购买立体声音响系统时，是依据对品牌名称的识别。他不想浪费时间去看专业杂志。他只考虑自己知道的品牌，比如索尼。他的经验法则是：

> 买立体声音响系统时，选择你知道的品牌，和第二便宜的那款。

品牌识别将选择的范围缩小，而第二便宜的价格是为做最后决定所做的补充。其中的原理就是，如果你听说过某个公司的名字，很可能是因为它的产品好。而对于最后的补充条件，教授的理由是，立体声技术的质量已经达到了一定的水平，他从中也听不出什么不同。他的价格原则是避开最便宜的——也可能是公司专为低价市场生产的最差的配置。这一原则既节省时间，也避免了上当受骗。

然后再来看推断。当认知和人们想知道的事情之间有着巨大关联时，认知启发法就能进行准确的推断。为了方便，我假设这种关联是积极的。以下是认知启发法对两种选择的推断：

> 如果你认识其中的一个物体，而不认识另外一个，那么就推断你认识的那一个更有价值。

根据经验，我们能判断其中的关联是积极的还是消极的。品牌识别和产品质量之间的巨大关联存在于竞争性的环境中，比如，大学、公司或体育团队。存在这种关联时，忽略就是有益的，比如有的大学、公司或体育团队你就没有听说过。而要

判断什么程度的忽略才是有益的,一个简单的方法就是认知正确率。让我们来看2003年温布尔登网球公开赛第三轮的对阵图:

罗迪克——罗布雷多	艾诺伊——阿加西
费德勒——费什	索德林——亨曼
斯里查潘——纳达尔	库切拉——纳尔班迪安
舒特勒——马丁	斯泰潘内克——菲利普西斯
比约克曼——吉梅尔斯托博	萨格西安——费雷罗
米尔尼——卡洛维奇	涅米宁——罗切斯
洛佩兹——萨内塔	诺瓦克——波普
沙尔肯——哈内斯库	穆迪——格罗斯让

认识上面所有名字的专家或者完全不认识以上网球运动员的人都无法根据认知启发法推断出胜利者。只有部分无知,也就是当你不认识其中的一部分人时,这一启发法才能引导你的直觉。为判断你个人的认知正确率,标出所有你听说过的网球运动员。然后选出那些你只认识其中一人的对阵组。再算出所有你认识的球员获胜的情况(胜利者先排左边栏,再排右边栏)。用你只认识其中一人的对阵组数除以这个数字,你就能判断自己对这些球员的认知正确率了。比如,如果你只认识罗迪克、费德勒、纳达尔、阿加西和诺瓦克,认知启发法对结果预测的正确性应该是4/5,也就是说,正确率是80%。根据这个经验法则,尽管你什么都不知道,也只是将"诺瓦克——波普"这一组

的结果猜错。如果你不多不少认识其中一半的球员，你的认知还可能更加有效。如果你的认知正确率达到50%以上，那么，你的无知就包含了智慧，它让你战胜了随机概率。

如果你想在其他情况下测试这一点，下面这个公式将对你有所帮助：

> 认知正确率 = 正确推断的数量 ÷（正确推断的数量 + 不正确推断的数量）

像所有经验法则一样，认知启发法也不总能得出正确的答案，认知正确率一般都低于100%。

而且，你的认知并不是针对所有问题都有着同样的正确率，而是要取决于物体的种类和推断的性质。让我们以致命性的疾病和传染病来举例。一项研究表明，人们在推断两种疾病中哪一种更常见时，认知的正确率在60%左右。也就是说，在60%的情况下，被识别出来的疾病会传播得更为广泛。这一结果的准确性比撞大运好一些，但却不如对温布尔登网球比赛的预测，它的准确率已经达到了70%左右。推断两个外国城市中哪一个城市人口较多，其正确率更高，约80%。以上几种情形中，存在着一种"中介"，是它将疾病、球员或城市的名字引入公众的注意。其传递途径包括报纸、收音机、电视和口头宣传。

图7-1说明了认知启发法是如何运作的。在图的右边是具

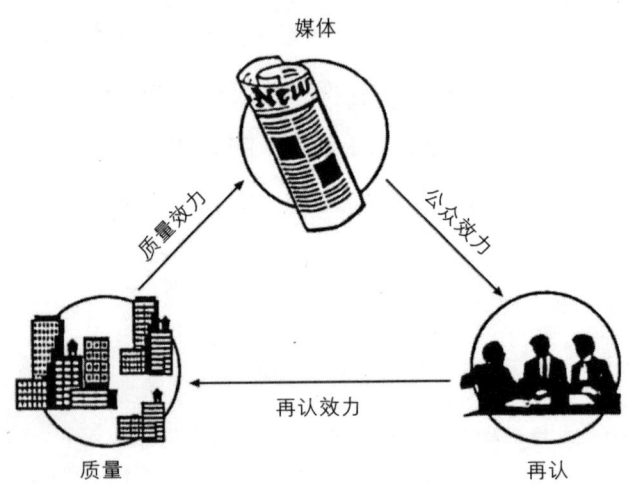

图 7-1 认识启发法如何发挥作用
质量的影响：高质量的东西被媒体提及的次数多于低质量的东西。广告影响：那些经常被提及的东西更容易被识别。识别正确率：经常被识别的物体通常质量更好。

备部分知识的民众，也就是说，他们对名字的识别是有限的。图的左边是他们试图推断的事（质量），比如，谁会赢得比赛、哪个城市要大一些，或哪种产品更好。最上面，是环境中的中介，比如报纸。某个球员或某种产品的质量由它们被媒体提到的频率体现出来。如果是这样，那么，质量的影响是非常大的。比如，一个跑鞋制造商能够决定生产高品质的鞋，并且相信产品的质量能在媒体中高调亮相。反过来，某个名字在新闻中出现的频率越高，人们就越可能听说过这个名字，不管它的质量到底怎么样。然后，制造商就生产普通的产品，直接投入广告，压注人们会购买这个产品，因为他们听说过它，这时广告就成了一个非常有影响力的变量。这就是简化三角,许多广告商都是这样做的。要测量质量和广告的影响,我们可以预测,在哪些情况下,凭借名字识别是有益的,在哪些情况下却是有误导性的。

道理就讲到这里。可是在实际生活中,人们真的会用识别启发法吗?让我们先从足球比赛说起。

英格兰足总杯

英格兰足球联盟(FA)成立于1863年,是英格兰足球的管理机构。它代表了一百多万效力于上万家俱乐部的球员,并负责组织球赛。足总杯是世界上最早的足球比赛,也是英格兰各俱乐部参加的大型淘汰赛。球队是随意组合的,所以,著名的球队常常会与低级别中名气较小的俱乐部打比赛。看看下面的比赛:

曼彻斯特联队　对阵　谢斯伯利队

谁会赢呢?在一项研究中,54名英国学生和50名土耳其学生(生活在土耳其)来预测结果,再让31名学生预测其他第三轮足总杯比赛的结果。在预测哪支球队会赢前,英国学生对之前的记录和当前情况有足够的了解,能够权衡利弊。而土耳其学生对英国球队了解甚少(或不感兴趣)。然而,土耳其学生的预测几乎和英国学生的预测一样准确(63%与66%)。原因在于，那些外行的土耳其人 95% 的情况下（627/662）直觉性地遵循了认知启发法。要记住的是，一位能记住所有球员名字的专家并不能使用认知启发法，而一个只听说过曼彻斯特联队，没听说过谢斯伯利队的人可以根据部分无知更快地猜出答案。

个人的无知如何产生集体智慧

每一年，有数百万观众来到温布尔登观看网球比赛，它是网球年度四大满贯赛事之一，也是唯一一个还在天然草地上打的比赛。在 2003 年的男子单打比赛中，有 128 名球员参加。我们已经见过进入第三轮比赛的 32 名球员的名字。职业网球联合会和温布尔登的专家还对球员们进行了排名。在全部 127 场比赛中，人们有理由预测排名高的球员获胜。事实上，对于同一场比赛，两种 ATP 的积分预测比赛结果的正确率在 66% 和 68% 左右。专家们的预测要好那么一点点。而他们通过选出种子选手的预测，正确率达到了 69%。

那么，普通人凭借直觉判断的结果如何呢？一项研究表明，在听说过其中一名选手而没听说过另一名选手的情况下，外行人员和业余爱好者 90% 会使用认知启发法。业余爱好者听说过大约一半球员的名字，而外行人员平均只听说过 14 名选手的名字。球员们的排名是根据认识他们名字的普通人的数量，然后据此预测，排名高的球员会获胜。我将这种排名看作"集体认知"。

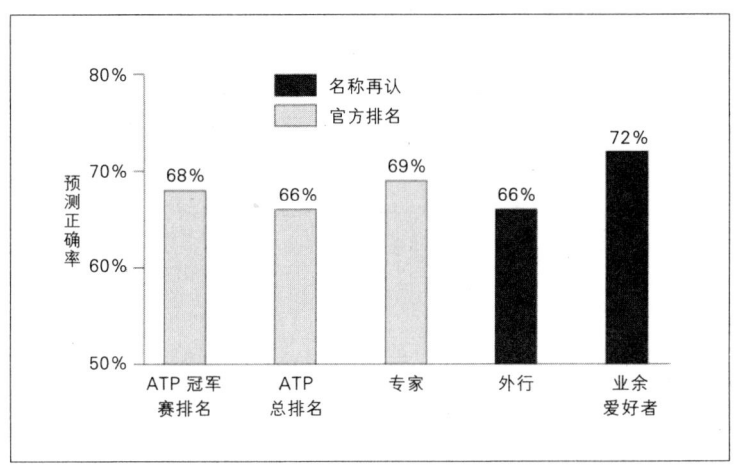

图 7-2　如何预测 2003 年温布尔登男子单打比赛的结果
可参考的标准有：（1）ATP 冠军赛，官方对网球选手进行正式的世界级排名；（2）ATP 总排名，最近 52 周的官方排名；（3）种子选手，代表着温布尔登官方的专家给出的排名。那些只听说过少数球员的外行人员和只认识其中一半球员的业余爱好者也根据集体认知来预测结果。那些以集体认知为依据的、只具备部分信息的民众对结果预测的准确性和三项官方标准比起来有过之而无不及。

有些人甚至连一半球员的名字都没听说过，你会在这种集体无知上下注吗？

外行人员的集体认知对结果预测的准确率达到了 66%，并不输给 ATP 排名的预测。而业余爱好者的预测正确率是 72%，比三项官方排名的任何一项效果都好（见图 7-2）。一项对 2005 年温布尔登网球赛的研究也得出了同样的结果。两次研究都表明，个体的无知中也能生出集体智慧，此外，一定程度的无知是有益的，少即是多。可这些研究并未告诉我们这个程度是多少。

少即是多效应

我要先讲一下我们是如何发现,或者说是误打误撞上"少即是多效应"的,这是一个奇怪的故事。当时,我们在测试一个完全不相关的理论,我们需要两组问题,一组简单的,一组复杂的。对于简单的问题,我们选择了一百个问题,比如:"慕尼黑和多特蒙德,哪个城市的居民更多?"这些问题是随意从75个德国大中型城市的相关信息里提取的。我们拿这些问题去问萨尔茨堡(奥地利城市)大学的学生(当时我还在那里教书),他们对德国的城市非常了解。我们想,既然这样,那么关于美国75大城市的一百个类似的问题就该是复杂的那一组了。可当我们看到结果时,简直不敢相信自己的眼睛(假设我们还没读过本书的第一章)。关于美国城市的问题,学生们的答案经常是正确的,而关于德国城市的问题却不然!我不明白,他们对复杂问题的回答怎么可能与简单问题的回答一样好。

萨尔茨堡的餐馆非常不错。那晚,我的研究小组就在一家餐馆吃饭,我们都为实验失败而感到难过。我们无法解释这种令人困惑的结果。最后,终于恍然大悟,如果学生知道得不多,也就是说,没听说过许多美国城市的名字,他们会直觉性把对它们的无知当作信息。而对于德国城市,他们就做不到这一点。利用无知的智慧,他们在回答两类问题时可达到同样的正确率。据说,研究人员就像患了梦游症一样,被创造直觉引至知识的终点,却看不清前方。而我,则像另一种梦游症者:无法理解直觉思维的创造预感。后来,我们又有了意外的新发现:有心栽花花不开,无心插柳柳成荫,而这柳树比花更加有趣。

可是,少即是多效应是如何产生的呢?在美国,有三兄弟同时申请了爱达荷州的一所学校。校长对他们的综合知识测试从地理开始。他说了两个欧洲国家的名字,西班牙和葡萄牙,问他们哪个国家的人口多一些。首先回答的是最小的弟弟。他甚至连欧洲都没听说过,更别说这两个国家了,他只能靠猜。然后校长又问了他另外两个国家,可是弟弟也只能碰运气,结果回答错了。然后,轮到二哥出场了,和弟弟不同的是,他偶尔看新闻,听说过一半的欧洲国家。即便他认为自己是靠猜的,因为他只是听说过那些国家,并没有什么特别的了解,可是,他最终回答正确了 2/3 的问题,并顺利通过了测试。最后参加测试的是大哥。他听说过所有国家的名字,尽管除了名字以外他也别无所知。令人吃惊的是,他的表现还不如二哥。

为什么会这样呢?最小的弟弟一个国家的名字都没听说过,不能使用认知启发法,只能碰运气(见图 7-3)。大哥听说过所有国家的名字,也不能使用认知启发方法,也只能碰运气(50%)。只有听说过其中一些国家名字的二哥能使用认知启发法;因为他听说过一半国家的名字,所以他总能使用启发法,因而表现最好。为什么呢?认知的正确率是 80%。二哥可以一半靠猜,一半用启发法。靠猜的正确率是 25%(一半的一半),

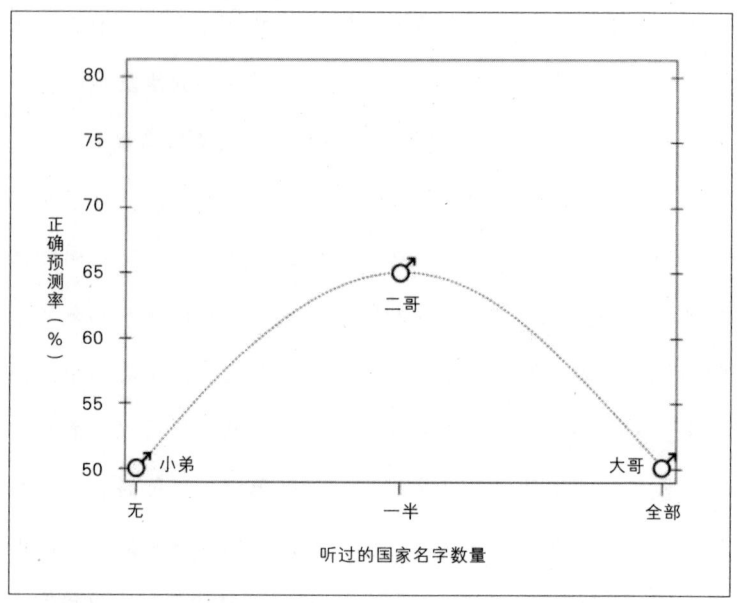

图 7-3　少即是多效应

图上反映的是,向三兄弟提问,问他们两个国家中哪个国家的人口要多一些。除了二哥听过一半国家的名字,大哥听过所有国家的名字外,他们对这些国家一无所知。弟弟和大哥不能使用名字识别法,因为他们一个根本没听过这些国家的名字,一个听说过所有国家的名字,所以他们只能碰运气。只有二哥能使用名字识别法,使用这种方法,即便他不知道其他信息,也能提高表现。

使用启发法的正确率是40%(另一半的80%)。总共加起来就是65%——比碰运气要好一些,尽管他对人口数一无所知。图中的线说明了三兄弟在名字识别处于中间水平时是如何表现的。在这条曲线的右边,就可以看出"少即是多效应":听过所有国家名字的哥哥表现反而较差。

现在再来看申请同一所学校的三姐妹。两位姐姐对两个国家多少有些了解,比如,德国是欧洲人口最多的国家。如果她们听说过这两个国家，这点额外的知识能让她们的正确率达到60%（比碰运气多了10%）。校长对她们进行同样的测试。像上面最小的弟弟一样，小妹并没有听说过任何一个欧洲国家，所以只能靠运气猜。可是，听说过所有欧洲国家的大姐能达到60%的正确率。她们两人都不能使用认知启发法。二姐听说过一半国家的名字，她的表现也比大姐好，如7-4的曲线所示。

这就意味着部分无知总是好的吗？图7-4中上面那条曲线代表了"少即是多效应"消失的情况。当人们知识的正确率相当于或者超过了认知正确率的时候，这种情况就会发生。该曲线表明，两者的值都是80%。意思就是，某个人知道这两个国家，且对它们的了解足以回答对80%的问题，或者只知道其中一个国家，答题的正确率也能达到80%。在这种情况下，"少"就无法变成"多"了。

我和丹尼尔·戈德斯坦已经证明过，"少即是多效应"可以出现在不同的情况下。首先，它可以出现在两组人员之间，其中知识比较丰富的那一组的推断结果比知识较少的那一组差。比如，在回答底特律和密尔沃基哪一个城市更大的问题上，美国学生和德国学生的表现（见第一章）。其次，"少即是多效应"还可出现在各领域之间，也就是说，同一组人，在面对了解较少的领域时，回答问题的正确率高于了解较多的领域。比如，对美国学生进行测试，问他们美国最大的城市（比如纽约 vs 芝加哥）和德国最大的城市（比如科隆 vs 法兰克福）时，对关于

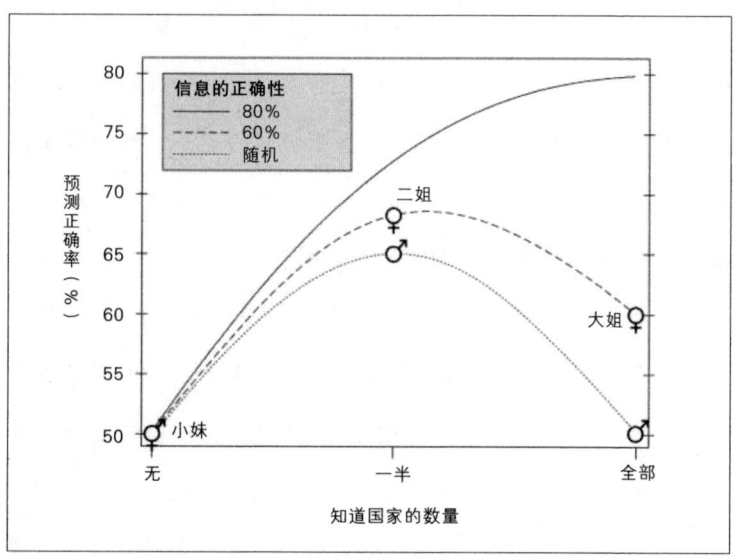

图 7-4 当人们知道一些事情时反映出的"少即是多效应"
大姐听说过所有的国家,也知道一些相关的信息,她回答问题的正确率是 60%。二姐有一半的国家没听说过,所以,她能利用名字识别,答题的正确率高过了姐姐。只有信息的正确率和认知正确率一样时,少即是多效应才会消失。

自己国家的问题,他们的正确率是 71%,而对不那么熟悉的德国,他们的正确率却达到 73%。即便许多美国学生知道美国最大的三个城市及其排序,不用再进行推断,仍然会出现这样的结果。

第三,"少即是多效应"还体现在知识习得上,也就是说,个体的表现先是提高,之后下降。所有的这些例子都表明了同样的原理,通过这个原理我们就能理解,为什么网球业余爱好者的预测要比 ATP 的官方排名和温布尔登的专家预测更准确了。

在什么情况下遗忘是有益的

一般常识认为，遗忘会阻碍好的判断。然而，在本书的最开始，我们介绍了俄罗斯的记忆达人舍雷舍夫斯基，他拥有完美的记忆，可是他的记忆里全是各种各样的细节，这却让他无法抓住一个故事的要点。遗忘在什么时候有益于我们对认知的使用呢，对此，心理学家也进行了细致的研究。我们再来看看知道所有国家名字的大姐（图7-4）。如果我们将她从右边的曲线往二姐的方向移动，她的表现会更好。忘记了某些国家的名字，她就能更多地使用认知启发法。当然，忘记太多也不好：如果她从右边移得太多，移到小妹这一边了，那么她的表现又会更差。

换句话说，如果大姐不再准确记得所有听说过的国家，那么这种遗忘就成了她的优势。而只有在这种情况下才会产生如此效果：她的记忆错误是系统的而不是随意的。也就是说，她可能忘记小国家的名字。图7-4还表明，遗忘的有益程度还取决于知识的数量：知道得越多，遗忘的好处就越少。通过遗忘，大哥得到的好处比大姐多。这就会让我们想到，对于某一个话题，知道得越多，遗忘得越少。那么，遗忘能促进经验法则的推断吗？对此，我们也了解甚少。但是，我们开始了解到，认知受限不是一种简单的缺损，它还能促成好的判断。

什么时候应追随最无知的人

让我们再来看第一章中的游戏。这一次，主持人以一百万美元的问题向一个三人小组提问："底特律和密尔沃基，哪个城市的人口更多？"同样，他们谁都不知道确切的答案。如果三人在最佳策略上达不成共识，那么，就以少数服从多数拍板。这就叫"多数决定原则"。在一项实验中，发生了以下矛盾。本小组中，有两个人听说过这两个城市，然后，他们单独得出的结论都是密尔沃基要大一些。可是第三个人只听说过底特律，然后就认为底特律要大一些。他们如何达成一致呢？既然有两个人或多或少知道这两个城市，人们就会以为，多数原则发挥了作用。可令人吃惊的是，在 59% 的例子中，小组最终会采用那些一无所知的人的选择。如果有两个人靠纯认知判断，那么这一数值还会增加到 76%。

整个小组的答案以那些一无所知的人的判断为主，这也许看似奇怪。但是，实际上，我们可以证明，当认知的正确率大于知识时（这个实验中的参与者们就是如此），这是一种成功的直觉。因此，遵循最无知的人的选择，这个看似不合理的决定提高了整个小组的正确率。该研究同时还表明了小组中的少即是多原则。当两个小组的平均认知和知识一样时，那个认识的城市越少的小组提供的正确答案越多。比如，一个小组的成员，平均只知道 60% 的城市，而另一个小组平均知道 80%；可第一个小组回答问题的正确率是83%,而第二个小组的正确率只有75%。所以,小组成员们似乎直觉上就相信认知的价值,它可以提高正确率。

然而,这种(遵循无知中的智慧的)小组决定中又包含多少有意成分呢?将这些小组的讨论录下来,我们发现,在少数例子中,最无知的成员会清楚地说某个城市一定要小一些,因为他们没听说过它,而其他人就开始发表看法。但是,在大多数例子中,小组的讨论并没有明确的说法或者理由。然而,值得注意的是,那些运用了认知启发法的人是瞬间做出决定,这令那些知道得更多反而需要时间思考的人钦佩不已。

根据品牌购物

如果你看杂志或电视,就会注意到,许多广告都没有提供实际的信息。比如,贝纳通,它只将品牌名字和震撼的图片(比如血池里的尸体或垂死的艾滋病人)放在一起。为什么公司会投资这一类广告呢?答案是为了提高品牌识别度,因为消费者常常利用认知启发法。贝纳通背后的男人——设计师奥利维耶罗·托斯卡尼(Olivierro Toscani)说,广告已经使贝纳通超过香奈儿,成为了世界五大知名品牌之一;此外,贝纳通的销量也提高了一个数量级。如果消费者们不依靠品牌名识别选择产品,那么,无信息广告绝对会失效。

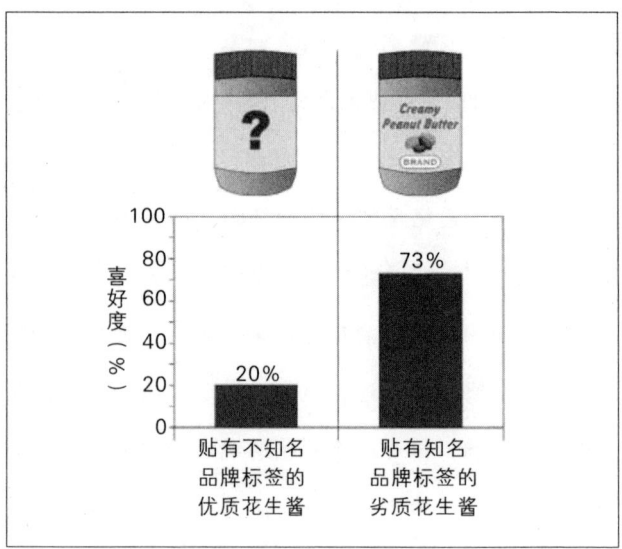

图 7-5　品牌识别比味觉更有影响力

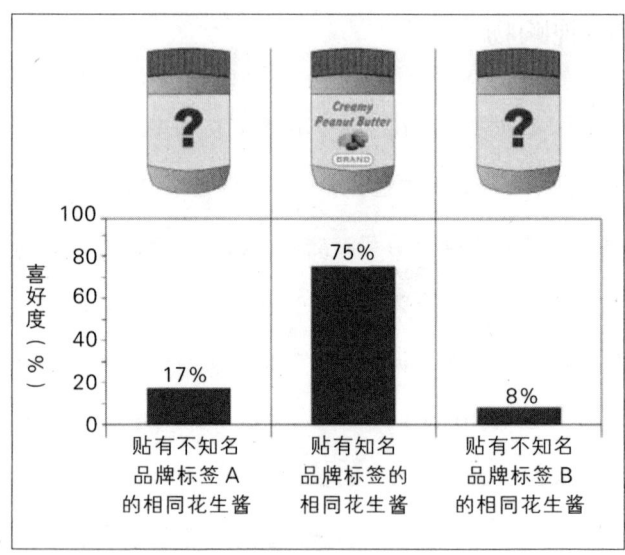

图 7-6　不同的标签，同样的花生酱

品牌识别的影响甚至延伸到了食品行业。有人进行了一项实验，让参与者们从三罐花生酱中选择一罐。实验人员进行了预先的测试，其中一个品牌被列为优质花生酱，通过盲测法，参与者们选出优质花生酱的正确率是 59%（比碰运气的概率大多了，碰运气的正确率才 33%）。而对另一组参与者进行测试时，科学家们在罐子上贴上标签。其中一个是广告打得很响的全国知名品牌，所有的参与者们都知道它，而另外两个是他们从没听说过的品牌。然后，实验者将优质花生酱放入贴有陌生品牌标签的罐子里。参与者们选出优质花生酱的概率还是如此吗？不。这一次，有 73% 的人选择了贴有熟悉品牌标签的低质量产品，只有 20% 的人选对了优质产品。可见，品牌识别比味觉更有影响力。在第二次品尝测试中，研究人员将同样的花生酱放入三个不同的罐子，然后将两个罐子贴上陌生品牌的标签，在另一个罐子上贴上知名品牌的标签。结果如出一辙。这一次，75% 的参与者选择了贴有知名品牌标签的花生酱，即便里面装的东西和另外两个罐子里的一模一样。品牌认知甚至还能带来更高的价格，与认知启发法相比，口感和价格就没那么重要了。

如果公司提高产品质量，而提高了质量的产品随后又通过口头或广告宣传提高了品牌知名度，那么，依靠品牌识别就是合理的。对此，我们可以从图 7-1 中看出，图的右边是消费者，左边代表产品质量，上面是中介，产品质量和媒体形象有着深切的关联。然而，无信息广告简化了这一流程。各公司直接花巨资提升其品牌在媒体中的知名度。他们竞相在消费者的认知记忆中争取一席之地，而这种竞争使他们不再有兴趣去提高产品本身。在这种情况下，质量和媒体形象之间的关联就为零。

当消费者只能通过标签来区分产品时，品牌识别和名声就能替代对产品的喜好，成为做出选择的原因。许多喝啤酒的人有自己喜欢的品牌，并且觉得这种啤酒比其他啤酒好喝。他们会觉得这种酒更香、更醇，没那么苦，麦芽浓度也刚好合适。这些喜好是一些消费者理论所认同的，它们让消费者找到适合自己的产品，让他们的选择更加理想。然而，盲测的结果又一次表明，消费者们无法品尝出自己喜欢的品牌。随意挑选300名喝啤酒的美国人（他们一周至少喝三次啤酒），然后将五种全国品牌和区域品牌的啤酒放在他们面前。一旦瓶子贴上标签，这些人都认为"他们的"品牌是最好的。而一旦撕下标签，变成盲测，则没有一个人认为某个品牌是最好的！

如果消费者只能根据名字来区别品牌，那么，"选择越多越好"的说法就不具有经济合理性。那些花钱购买你认知记忆空间的商家已经明白了这点。同样，政治家们也会宣传他们的名字和面孔，而不是计划。另外，大学、想要成名的人，甚至小国家都奉行这一原则：如果我们不认识他们，就不会喜欢他们。极端地说，被识别本身就是一种目标。

违背名字识别的决定

有效运用认知启发法要取决于两个流程,认知和评估。首先,问自己"我认识这些供选择的东西吗",然后决定是否使用启发法。其次,问自己"我可以凭借认知做出选择吗",然后评估它是否适用于当前的情况。比如,我们去森林远足时,看到不认识的蘑菇,很多人都会犹豫该不该采来吃。然而,当我们在餐馆里看到同样的蘑菇时,我们会毫不犹豫地吃下去。在森林里,我们遵循认知启发法:如果我们不认识它,那么它可能有毒。而在餐馆里,我们不用遵循这个原则,因为,在这个餐馆里,不认识的东西也可以食用。这个评估流程并非总是有意的。只是人们直觉性地"知道",在什么情况下"不认识"表示"不安全"。

在无意识的(类似于反射作用)经验法则中,该评估流程是不存在的。相反,认知启发法是灵活的,而且可以有意抑制。这个评估流程如何起作用我们还不知道,但我们掌握了一些线索。流程的一方面是判断我们是否能找出有用的信息,以了解人们想知道什么。比如,问斯坦福大学的学生索萨利托(金门大桥以北的一个小镇,其居民只有7500人)和河京(一个虚构的名字,听起来像中国城市)哪一个的人口更多时,许多人不再依靠名字识别。他们可以肯定,角落里的城镇很小,所以猜测是河京。该流程需要判断的另一方面是认知的来源。在研究中,人们被问及切尔诺贝利和河京哪个更大，只有几个人的答案是切尔诺贝利，它虽因核电站事件而出名，但这却与其人口没有关系。在这些情况下不依靠名字识别是一种选择性的、明智的反应——当然，除了在本次研究中，因为实验者编造了一个根本不存在的名字。

第八章
好的理由，一个就够了

> 男人可以矮小、肥胖，甚至秃头，但只要他有把枪，女人就会爱上他。
>
> ——梅·韦斯特

有谁会只凭一个理由做出重要的决定呢？大概人们都会赞同：要找出所有相关的信息，进行衡量，然后再得出最后的判断。然而，人们往往违背官方的指导方针，遵循直觉性的判断，也就是我所说的单一理由决策。许多广告公司也是这么做的。当汉堡王和温蒂汉堡开始和麦当劳竞争顶级品牌识别时，麦当劳会怎么做？它打出的广告仅仅为我们提供了一个选择麦当劳的理由："在这里，你会觉得自己是个好父母。"其潜在的心理解释是，父母希望孩子爱他们，而带孩子去麦当劳就能实现这一点，让他们觉得自己是个好父母。多几个原因不是更可信吗？有谚语说，一个有太多好借口的男人不值得信任。

在这一章，我会讨论基于回忆记忆的直觉判断。回忆超越了简单的认知，它能从记忆中检索出片段、事实或原因。这里的原因是指有助于决策的线索或信号。首先，让我们来看一下进化如何创造思维和社交环境——"一个好理由"在这种环境中得到广泛使用。

交配选择

在天堂鸟的大多数种类中，五颜六色的雄鸟炫耀求偶，纯色的雌鸟做出选择。雄性聚集在求偶的地方，那是一个公共区域，它们几只站成一排或一组，开始求偶。而雌鸟则在候选者中走来走去，仔细观察它们。那么，雌鸟如何选择配偶呢？许多雌鸟似乎只基于一个原因：

> 观察所有的雄性后，选择其中尾巴最长的那只。

只根据一个原因选择配偶，这听起来有些奇怪，可是有两种理论能解释这一行为。其一是达尔文的交配选择理论，统计学家罗纳德·费希尔（Ronald Fisher）后来对这一理论加以阐述。雌鸟原来就喜欢长尾巴，因为尾巴长更有利于飞行。如果说尾巴的长度对自然变异有着某种基因上的贡献，那么，任何不按原则来，选择小尾巴配偶的雌鸟会受到惩罚，因为如果她没有生出长尾巴的小雄鸟，那么她的孩子吸引雌性的机会就很少，再繁殖的可能性也更少了。雄鸟的尾巴一代比一代长，最终，雌鸟们普遍认为长尾巴的雄鸟更有吸引力。如此，在动物的思维中，在有着长尾巴、鲜艳的颜色和其他次要性别特征的环境中，雌雄选择的进程能产生单一理由决策。

达尔文研究了迷人的雄性特征中潜在的两种机制。第一种是雄雄相争，它导致了鹿茸和羚羊角等的发达。但雄性之间的争斗并不能解释孔雀开屏，所以，达尔文提出了另一种机制，那就是雌性选择的力量。他认为雌性动物能够感知美，雄性华丽的外在能让她们高兴。将近一百多年，达尔文的雌雄选择几乎完全被忽略，与他同时代的男性不相信他的观点，他们不认为鸟类或鹿能感知美，更不相信雌性的品位能影响雄性身体特征的进化。就连达尔文的朋友们，比如托马斯·亨利·赫胥黎，也试图说服他放弃交配选择理论。而如今，这一理论成为人们纷纷追踪研究的生物学分支。人们也许会猜想，这个理论被人接受是不是和女性的公众角色在西方社会的崛起有关。然而，我们只是在了解交配选择和单一理由决策之间的关系。正如交配选择理论在生物界被长期抵制一样，一个好的理由就能形成好策略的理论在决策界也遭到了反对。但希望并非没有，因为科学本身也在进化。

缺陷法则

用以解释天堂鸟尾巴及类似特征的第二个理论是阿莫兹·扎哈维（Amotz Zahavi）的缺陷法则。雄性天堂鸟的尾巴，类似于孔雀的尾巴，对于生存来说完全是无用的累赘，肯定是进化而来的。雄鸟炫耀它的尾巴，因为它要告诉别人，即便拥有累赘它也能生存。在这个理论中，一个好理由——最大的累赘，真的就是一个好的理由。不论阐述上有何不同，两个理论都解释了单一理由决策是如何传播和发展的。

缺陷法则也曾直接被科学界否定。这一决定直到1990年才得以改变。那一时期，针对孔雀的实验表明雌孔雀的选择也是基于一个理由。与成功配对相关联的唯一因素就是雄孔雀羽毛上的眼状斑点数量，但这种关联又可能与其他因素相关，雄性越强，斑点越多。如果一些雄孔雀的其他特征都和其他雄孔雀一样，只是眼状斑点的数量较少，那么，雌孔雀就不会选择他们了吗？在一个创造性的实验中，英国研究人员将（参与研究的）一半孔雀的斑点数由150个左右去掉20个，另一半孔雀的斑点数不变。结果表明，与之前斑点数不变的孔雀相比，那些被去掉了斑点数的孔雀成功配对的数量急剧减少。而且，研究人员并没有看到一只雌孔雀与第一个向她求爱的雄孔雀配对，她们在选出配偶前，会平均抽样出三只雄孔雀。在几乎所有情况中，雌孔雀都选择了眼状斑点最多的雄孔雀，似乎雌孔雀的那个好理由是经过基因编码的。

如此,交配选择和缺陷法则都能在心理和环境中产生单一理由决策。基因与环境的同时进化叫作共同进化。我们可能觉得天堂鸟选择配偶时的这种极简主义很有趣。然而,它好像已经存在千年,事实上,也存在于人类社会中。单一理由往往是社交性的,比如,女人倾慕一个男人,一开始爱上他是因为其他女人倾慕他。这种单一理由实质上保证了女人的同辈群体能接受和羡慕她的选择。

不可抗拒的因素

雄孔雀尾巴上的眼状斑点数对雌孔雀来说,是有力的因素。总之,环境是由控制动物(包括人类在内)行为的不可抗拒的因素来填充的。如我们之前提到的,一些布谷鸟将蛋下在其他鸟类的巢里,让它们孵化和喂养小布谷鸟。在同一物种中,一个不可抗拒的因素就可骗得养父母喂养它们,比如,雏鸟翅膀上的一个斑点,或者模仿其他雏鸟张开嘴。鸟主人的行为表明,由于认知限制,它们无法区别布谷鸟的雏鸟与自己的雏鸟之间的区别。而一个还在抱玩具娃娃的小女孩却能轻易区分它们的孩子和人类的孩子,玩具娃娃的可爱可能引发她的母性本能。同样,一个正在看色情杂志的男人会被女子的裸照吸引,尽管他知道那是不真实的东西。

不可抗拒的因素可能是文化传播和进化的产物。选举就是一个很贴切的例子。政治上的左右派就是一个简单的文化因素，它为我们许多人提供了一种情感导向，教我们区分政治中的对与错。这种情感如此强烈，它还构成了我们日常生活中的政治接纳度。那些自认为是左翼的人们不想与右翼交好，甚至谈话。同样，对于某些保守派来说，民主分子简直就是外星生物。让我们仔细来看一下，这种强大的提示作用究竟是如何塑造我们的认同感的。

单向选民

随着苏联的解体，民主就成了欧洲和北美政府极力倡导的先进形式。它的制度给我们带来祖辈们愿用生命争取的利益：演讲自由、出版自由、公民平等和法律正当程序的宪法保证等。然而，还存在一个矛盾。菲利普·康弗斯（Philip Converse）的《大众信仰体系的实质》（*The Nature Of Belief System In Mass Publics*）揭露，美国公民对政治选择的了解很少，他们并没有认真思考问题，很容易改变立场。这并不是说人们什么都不知道，他们只是不了解政治而已。在1992年的总统选举中，人们对乔治·布什的普遍了解就是他讨厌西蓝花。还有，几乎所有美国人都知道布什家的狗叫米莉，却只有15%的人知道布什和克林顿都支持死刑。康弗斯并不是第一个注意到人们竟无知到这种程度的人。

在1978年的佐治亚州州长竞选中,候选人尼克·贝鲁索(Nick Belluso)播放了一则电视广告。候选人的顾问似乎认为美国大众的观点相当容易塑造。广告内容如下:

  候选人:我是尼克·贝鲁索。接下来的十秒,会有一股强大的力量将你催眠。现在就可能想要转过脸去了。好了,废话少说,让我向你们介绍大规模催眠的催眠师——詹姆斯·马斯特斯牧师。交给你了,詹姆斯。

  催眠师(穿着奇怪的衣服,被迷雾包围):别害怕。我正在将尼克·贝鲁索这个名字放进你的潜意识里。你会记住它。你会在选举当天选他。你会选尼克·贝鲁索为州长。你会记住它。你会在选举当天选他。你会选尼克·贝鲁索为州长。

也许因为大多数电视台拒绝播放(其中一些电台害怕观众被广告催眠),所以这则广告失败了。贝鲁索丢掉了竞选,然后继续竞选其他职位,其中包括1980年的总统竞选。对于候选人来说,许多政治广告都是有教化意义的。在当代民主中,极少广告会提供有关这类问题的信息;大多数广告都是靠不断重复名字来提高名字识别,或者创造针对对手的消极情绪,又或者仅仅靠一些俏皮话、笑料或娱乐政治。公众对政党的了解如此之少,他们又怎能发表意见呢?因赫伯特·西蒙之故,这个谜团就叫作"西蒙之谜"。它是大众政治的矛盾。

左右融合

1980年，西德民主历史上发生了一件特别的事。一个新的政党，绿党，参与了联邦大选，对现有的体系构成挑战。这一事件标志着20世纪末，公民由最初反对核能，转变为反对联邦政府的伙伴关系。出现新的政党属于稀罕事，这又给"西蒙之谜"带来了新的思考：公民不了解旧的政党，又如何对新的政党发表意见呢？

首先，让我们看看绿党出现以前的时期。那时，西德的政坛掌握在六个政党手中。他们由针对众多议题的态度区分：宗教、世俗取向、经济政策、社会福利取向、家庭和移民政治，以及包括流产在内的道德问题。这些议题，公民们大都知道，但他们的偏向却没这么复杂。大多数选民偏向这六个政党中的一个只是基于一个原因：它们是左派还是右派。在选民们看来，这六个政党就像一条线上的六颗珍珠（图8-1）。这串珍珠被当成法国、意大利、英国和美国的政治生活模型。在美国，那个欧洲观念上的左派几乎不存在的地方，它被称为"自由主义"对"民主主义"。选民们会对每一个政党分别落在这条直线轴的哪个位置上达成一致，却无法对选择哪个政党达成一致。

在这条线上，赫尔伽·Q. 帕布里克的"理想点"与她最喜欢的政党自由党相近。我们能预测她怎样对其他政党进行喜好程度排列吗？当然，而且很简单。赫尔伽从她的"理想点"拿起这条线,使线的两端保持平行。除了左右属性外,她并不需要了解其他政党,但她可以利用我所说的"线式启发法"辨别出她对一个新(或者旧)政党的喜欢:

> 在左右之间,一个政党离你的理想点越近,你就越喜欢它。

这种"线式启发法"决定了选民对政党的偏向,如图8-1所示。比如在社会主义和共产主义之间,赫尔伽偏向社会主义;在基督教民主党员和基督教社会主义者,以及民主主义者之间,

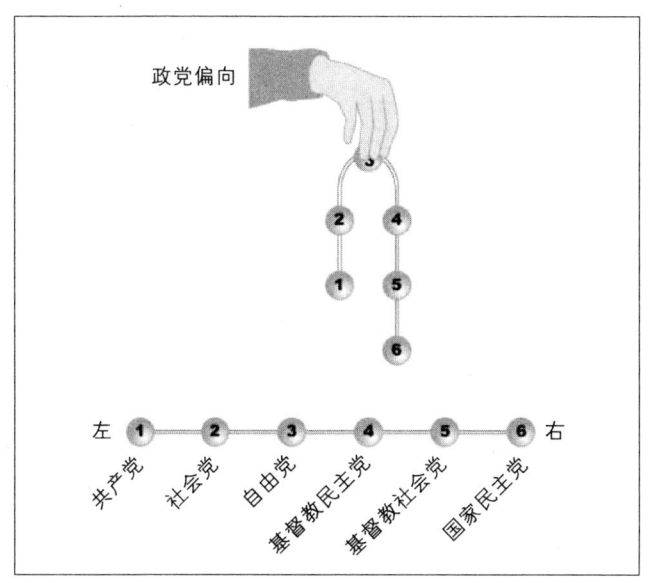

图8-1 线式启发法

她偏向基督教民主党。如果在共产主义政党和社会主义政党之间她偏向共产主义政党,或者在民主主义政党和基督教社会主义政党之间,她偏向民主主义政党,那么这些偏向就与使用线式启发法的假说相矛盾。究竟有多少选民会依赖这个呢?在传统的六党体系中,受访的选民中有92%都遵循了这个简单的经验法则。连续的偏向就是这样形成的,即便选民们了解得并不多。

那么,对于新的政党,选民们有何反应呢?绿党的倾向并不是轻易就能加入原来的左右体系中的。绿党将诸如保护森林和关闭核电站等议题联系在一起,这就将保守派的森林工人和那些害怕核泄漏之后引发放射性污染的左翼知识分子结合在了一起。是该将这个政党引入原来的左右体系,还是在这个体系中扩增诸如环保主义等新议题?为回答这个问题,我对一组150人的大学生选民进行了研究。在他们之中,有37%的人会选绿党。尽管选民们对绿党的定位遍布整条线,可是每个选民的偏向一直都是持续且稳定的。他们的政党偏向继续遵循线式启发法,只是现在,这条线上又多了一颗珍珠。那么,生态方面有什么变化呢?据我们所知,生态取向对左或右的影响并不大,因为无论是对左还是对右,它都不是关键的问题。实际上,在选民们看来,一个政党的生态取向可源于它的左右取向。当我们从选民们给绿党定位的点上拿起线时,线的两端就揭露了选民对各政党的生态取向的排序。然而,没有一个选民注意到它的机制。

爱因斯坦曾说过:"政治比物理学更复杂。"的确如此,不过,根据我们对相关认知进程的了解,"西蒙之谜"是可以一点一点解开的。"线式启发法"解释了那些不了解政治的人们如何感知政党对各种问题的立场,并让选民们形成持续的意见。在两党体系中,这种机制会更简单,比如美国。那么,线式启发法在什么时候可用呢?它似乎能在这样的体系中起到作用:政治制度沿着左右分界线呈现,相应排列和分化出各自的问题。只要政治对手站在反对立场,一个最开始与某政党有着松散关联的问题,会变得越来越依附于它。出现这种情况时,选民们就能从左到右读出各政党对很多问题的立场,即便这些立场往往只是历史事件。与这个假说一致,政治运动和媒体报道也使用"左右"之说,而政治科学家们也据此构造他们的研究工具。无论线式启发法和政党政治共同进化达到什么程度,启发法都是有用的。如此,即便什么也不了解,单向度选民也能够"知道"各个政党的立场了。

序列决策

无论是雄孔雀的尾巴,还是政治上的左右,都有一些不可抗拒的提示。但是,并不是在任何情况下,仅靠单一提示线索决策就可以应付自如的。还有一种直觉性判断,在做这种判断时,我们要从记忆里找出一种或几种线索,但这些线索中只有一种决定着最后的决策。人们一开始考虑某种因素,如果还不能做出决定,再考虑另一种因素,以此类推,这个过程就叫作序列决策。假如你面临以下的情况。

父母的噩梦

半夜时分,你的孩子呼吸困难,还在咳嗽和气喘。你绝望地寻找医生。在你的电话簿里,有两个提供工作时间之外的初级健康护理的医生的电话。其中一个是全科医生,能在20分钟之内赶到你家。你是从当地保健中心知道他的,还知道他从不听你的描述。另一个是一位全科医生开的急救中心,要60分钟才能赶到。你不了解那里的医生,但你听说他们会听孩子父母的描述。你会给谁打电话呢?为什么?

在英国,研究人员就13岁以下儿童的父母做调查,问了他们这个问题和其他类似的问题。家长们的描述无非涉及四种理由,早期的研究表明,这四种理由是英国父母最担心的:孩子在哪里看病、谁给他们看、打电话和接受治疗之间相隔的时间(等待时间)、医生是否听他们的描述。许多人似乎仔细权衡过这四种理由,并将它们结合起来做决定。然而,每两对家长中就有一对,会仅依靠一个主要原因来做出决策。其中比例最大的一组,有1000多位家长的最大担忧还是在于医生是否会听他们的描述——尽管这意味着还要多等四十分钟。这些家长多为女性、受过良好的教育,而且有多个孩子。50位家长则会选择熟悉的医生,不管医生是否听他们描述、无论等多久。相比之下,第四个原因——孩子是在家里看病还是在急救中心看病,对所有父母来说都不是主要参考因素。

我们如何来理解这些家长的直觉呢?假设我们按照重要程度由高到低这样排序:医生的倾听意愿、等待时间、是否熟悉和看病地点。现在在 A 和 B 中做出选择:

	A	B
医生是否愿意倾听?	是	不是

停下来并选择 A

既然凭借第一个理由已经能做出决定,就不再搜索其他信息了。其他可能的理由都不用管,家长选择 A。然而,在另一个晚上,选择更加复杂:

	C	D
医生是否愿意倾听?	是	是
要等多久?	20 分钟	20 分钟
你认识这位医生吗?	不认识	认识

停下来并选择 D

在第二种情况中,第一个理由和第二个理由都不足以做出决定,第三个理由可以,所以,父母根据"选择最佳"启发法,

选择 D。它包括三个模块:

寻找原则:按照重要程度找出理由。

停止原则:一旦在选项中出现一个理由不同的情况,立即停止搜索。

决策原则:选择根据这个理由得出的决策。

这个过程又叫查词典式过程——我们用词典查一个单词时,首先看它的首字母,然后是第二个字母,然后第三个。几十个实验研究表明,人们的判断往往遵循"选择最佳"原则,他们会鉴别出这件事可能发生的情况。让我们"选择最佳"的直觉需要从几个理由中发掘,但最终做决定时只需要一个理由。

到目前为止,我们已经了解父母如何做这种重要的决定,但我们不知道他们的偏向是否正确。许多理性决策的权威人士在听说父母是如何处理这种生死攸关的问题时,感到很惊骇,因为他们不太相信如"选择最佳"之类的查词典式原则:

我们检测了一种我们认为在实践中被广泛采用的方法:编词典式排序。当然,它很简单,也易于实施。我们反对的是这种方法太过简单太过天真了⋯⋯然后,我们认为,如果仔细审查,这种排序步骤是通不过"合理性"检测的。

这番话出自理性决策界的两名杰出人物,他们似乎对自己的结论确信无疑,并不愿亲自测试。为了检测序列决策多么"合理",我们需要看一种存在明确结果的情况。还有什么比球赛的结果更明确呢?

选择最佳

在 1996—1997 赛季,NBA 打了一千多场比赛。从这个赛季中随机抽出一些比赛,让纽约大学的学生预测比赛的结果。他们只能参照两条线索:该赛季中赢的场数(基础比率)和半场时的比分。为防止其他信息影响他们的预测,这些球队的名字并没有告诉他们。结果,80% 的情况下,直觉判断与"选择最佳"的结果一致。以下是相关的理论。第一条线索是赢球的场数。如果赢球的场次相差在 15 场以上,那么就停止搜索,我们就猜赢的场次多的球队会获胜。举下面的 NBA 比赛来说明。

	A	B
赢球的场次	60	39

停下来并选择 A

既然能够通过第一条线索做出决定,那么,半场时的比分就不用看了,我们就预测 A 队会赢。如果赢球场次差小于 15,就看第二条线索——半场时的比分:

	C	D
赢球场次	60	50
半场时的得分	36	40
	停下来并选择 D	

因为 D 队在半场时是领先的（这里，比分相差并不重要），所以预测它会赢。

可是，基于单一理由的直觉到底有多准确呢？如之前提到的，根据合理性的传统理论，这些直觉注定起不到作用。我们不应该忽视原因，而只结合考虑赢球场数和半场比分。从这个观点出发，根据"选择最佳"的预感犯了两宗"罪"。如第一个例子，如果直觉判断只是根据基础比率信息（赢球场数），而不管半场比分，这就犯了"保守主义"错误。保守主义是指，只考虑旧的信息，忽略了新的信息（半场比分）。如第二个例子，如果直觉只是根据半场比分，那么就犯了基率谬误的"罪"。

这些所谓的"罪行"在所有心理学教材上被作为反对直觉的结论：人们会将简单的原则当作捷径，但这样做太幼稚了。然而，如我之前所讨论的，相比富兰克林的复杂原则，"选择最佳"原则能更快、更准确地预测出辍学率。对 NBA 的研究是对"选择最佳"原则的又一次检测，这违背了理性决策界的巨人贝叶斯的原则。贝叶斯的原则是不浪费信息。它既利用基础比率，也利用半场的比分差距，而"选择最佳"原则要么忽略基础比率，要么只是考虑谁领先。问题是，如果人们遵循贝叶斯的原则，他们预测 1187 场 NBA 球赛结果的准确率比运用"选择最佳"原则预测的准确率高多少呢？

该测试以电脑模拟的方式表明，如果人们运用贝叶斯的原则进行预测，能达到 78% 的准确率。而"选择最佳"原则预测的准确率和它一样，而且更加迅速，运用的信息和计算也更少。

从这个结果看，一定是什么地方出了问题。然而，对于足球比赛也是如此。我的一位学生对 1998—2000 年两个赛季的德甲联赛进行研究，得出了同样的结果。"选择最佳"原则使用了同样的原因顺序。在两个赛季，它在预测四百多场比赛的结果时，表现得和贝叶斯的原则一样好，甚至更好。当基础比率信息（赢得的比赛）达到两年，而不是从上个赛季开始时，也就是问题最困难的时候，这个简单法则的优势最为突出。在每一种情况中，"选择最佳"原则体现了这样的直觉：如果一个球队在之前比赛中的胜场数比它的对手多，那么它还可能再次取胜；或者，在半场时领先的球队会赢得比赛。复杂的计算也无法打败这种直觉。

何时一个好的理由胜过一切

基于"选择最佳"原则的直觉和复杂的决策一样准确，这个观点或许很难接受。当我把第一个结果呈现在国际专家们的面前时，我让他们估计一下"选择最佳"原则的准确性和复杂的现代版富兰克林资产负债表（多元回归）的准确性相差多少。没有一个人认为简单的原则能和它一样准确，更别说比它好了，而且大多数人估计"选择最佳"原则的准确性可能要低5～10个百分点，或者更多。让他们吃惊的是，在20项研究中，运用"选择最佳"原则决策的准确性更高。从那时起，我们就已经在大范围的现实情况中展示了"一个好理由"的力量。

这些结果表明，基于一个好理由的直觉不仅很有效，而且准确率很高。实际上，就算有人的大脑能够计算如今最复杂的人工智能策略，它也不会做得更好。所以，教训就是，当你在思考难以预测的事，而可用的信息又很少时，要相信你的直觉。

还记得我们说过，在一个不确定的世界，复杂的策略会彻底失败，因为它常常是事后诸葛亮。只有一部分信息是对未来有用的。而简单的原则只注重最好的理由，忽视其他的理由，这样一来，就能找到最有用的信息。

想象一幅绘图，上面有365个点，代表着纽约一年的每日气温。一月的值较低，春天到夏天开始上升，然后又下降。图形参差不齐。如果你进行数学精算，会找到一条与那些值完全符合的复杂曲线。可这条曲线不太可能同时预测明年的温度。根据这个事实，"完全符合"本身并没有太大价值。在寻找与之完全符合的过程中，我们会安上不相关的结果，而这些结果是不能推广到将来的。一个相对简单的曲线能更好地预测来年的气温，尽管它不能同时与现有的数据相符。图5-2已经向我

们很好地展示了这个原则。在后见之明上,复杂的策略比简单的策略好,可是预测就并非如此。总之,

当我们要预测将来,当将来很难预测,当我们掌握的信息有限,基于一个好理由的直觉往往更加准确。它们在时间和信息的使用上也更有效率。相反,当我们需要解释过去,当将来很容易预测,当拥有足够的信息,复杂的分析更有用。

设计我们的世界

进化,似乎设计了各种动物的思维,让它们学会借助连续的线索进行评估。比如,雌性艾草松鸡根据歌声对雄鸡做出评价,然后进一步观察那些通过了第一项测试的雄鸡。这样的连续择偶过程似乎很普遍,而且,在食物选择和航海中会见到。实验中,蜜蜂也是凭借一套线索集序列,选择采集有味道的花朵。只有在两朵花味道相近的情况下,它才会根据颜色做出选择,只有在颜色和气味都差不多时,它才会根据形状选择。然而,一开始参照的线索并不是最有效的,在某些情况下,这个顺序由某种感觉融入世界的程度决定。比如,在一个环境中,树木和灌丛遮住了视线,这时,声音线索就比视觉线索和其他线索可靠。又比如,一只雄鹿在估计对手的实力时,首先判断它的咆哮声是否浑厚,之后才根据视觉来判断。如果这两个原因都不能将

它吓跑，那么，它们开始搏斗时，它将接收到关于对手实力的最具权威的信号。

然而，基于一个好理由的序列决策并不是动物们的唯一适应性策略。会出现平均增加两条或两条以上线索的情况，这在年轻人和老人之间，有经验的人和没经验的人之间存在着个体差别。比如，年长的雌性花纹蛇根据两条线索来要求雄蛇，但这两条中的其中一条就能满足年轻花纹蛇的要求。

如我们之前所见，就像进化一样，直觉也利用了一个好的理由。我们人类还可以有意识地利用它来设计我们的世界。序列决策让环境变得更加安全、透明，不再混乱。

比赛规则

参加世界杯是每一支国家足球队的终极梦想。第一轮，四支球队组成一个小组打比赛。每个小组的前两名进入下一轮比赛。可是，如何判断哪一支球队是"最好"的呢？FIFA将六个方面纳入考虑。

1. 所有比赛的总分（胜积3分，打平则各积1分）。
2. 相互比赛得分。
3. 相互比赛中的净胜球。
4. 相互比赛中的进球数。
5. 所有比赛中的净胜球。

6. 所有比赛中的进球数。

我们首先来看看制订协议的理想模式，也就是，加权相加。国际专家委员会提出一个衡量方案。比如，第一点的权重因素是6，第二点是5，依次下去。你也许会说，比起只根据一个方面来判断这些球队，这样更公平，而且能对球队的表现进行更综合的评估。然而，设计这样的方案很明显需要进行数不清的讨论，比如美国的玫瑰碗系列比赛就是一个例子。通过复杂的权衡与相加得出、用以将橄榄球队排名的美国碗冠军系列赛公式就引发了广泛抱怨。还有一个同样令人担忧的问题，衡量计划并非直觉性透明的。教练、球员、解说员和球迷之类的人会因为忙于计算最后的比分而不能好好看比赛。

所以，我们的选择是不去衡量与相加，而采用"选择最佳"原则。FIFA就是使用的这个原则。就按以上顺序列出球队的几方面表现，如果两支球队在第一个方面就出现不同，我们就可以做出决定了。只有在球队积分相同时，我们才看第二个方面，以此类推。其他的都可以忽略不计。基于一个好理由的序列决策既容易实施，又体现了公正透明。

安全的设计

我们说，在看球赛的时候进行权衡会破坏兴致，而在其他比赛中，还可能带来危险。在十字路口判断哪一辆车先行，要考虑几方面因素。

  1. 交警指挥交通的手势。

  2. 交通灯的颜色。

  3. 交通标志。

  4. 另一辆车的来车方向（左或者右）。

  5. 另一辆车是否更大块头。

  6. 另一辆车的司机是否更年长一些，是否值得尊重。

  不妨想象一下，有些地方的交通法会将以上这些因素纳入考虑范围，因为在公共标志和文明礼貌之间进行权衡是很公平的。然而，权衡利弊并不安全，因为司机没有时间反应，也可能出现计算错误。两辆车的大小可能差不多，另一辆车的司机的年龄也可能难以估计。所以，安全的设计，就是连续的单一理由决策，我所知道的国家，无一不使用它。如果有交警在指挥交通，那么以上所有剩余的因素都不用管。如果没有交警，就只看交通灯。如果没有交通灯，再根据交通标志决定。你还可以想象另外一种情况，就是只看另一辆车的大小，但幸好它没列入法律，而且也只是个例。

  进行权衡的交通法律结构又不同。比如，如果交警指示停车，而绿灯和交通标志的指示与之相反，那么，这个指示就无效。或者，如果交通标志是通行标志，而且另一辆车要大些，那么，绿灯就无效。如此不停地权衡，万一需要很快做决定的时候我们迟疑了一下，便会遇上危险。

数字设计

你进入一个派对，看到一群人。到底有多少人呢？一个没经过特别训练的成人，能直接觉察到4人。也就是说，如果人数不超过4，他能立刻觉察到。超过4人，就只能靠数了。这种心理能力成为各种文化体系的组成模块。比如，罗马人给前四个孩子取普通的名字，而从第五个孩子开始就是以排行命名：老五、老六、老七等。同样，在最初的罗马日历上，前四个月是有名称的，而四月以后就是按照顺序命名。

如今，在大洋洲、亚洲和非洲的许多文化中，只有一、二和"许多"三个词。但这并不意味着他们不会算数。人们设计了各种各样的算法体系。有的地方使用木棍记账，还有的地方用身体部位来标记数字，将数字与手指、脚趾、手肘、膝盖和鼻子联系起来。此外，大约在两三万年前，动物骨头和洞穴墙壁上也出现过计数的标志。这种计数体系是罗马数字体系的来源，Ⅰ是1，Ⅱ是2，Ⅲ是3，Ⅴ代表5，Ⅹ代表10，C代表100，D代表500，M代表1000。像古希腊和埃及的体系一样，罗马数字计算起来也很头疼。这些文化被尘封了几个世纪，它的计数体系不合逻辑，除了写下一个数字外，几乎起不到什么作用。

在这方面的突破始于印度文明，它给我们带来了"阿拉伯"

体系。它了不起的地方就在于引进了字典式的体系,这种体系是本章讨论的序列原则所固有的。迅速看一眼下面的数,用罗马数字将它们表示出来,哪个要大些?

MCMXI

MDCCCLXXX

再来看用阿拉伯数字表示的两个数。

1911

1880

用阿拉伯数字表示时,我们一眼就能看出来,第一个数要大些。罗马数字的大小并不是看它的长度和顺序。如果看长度,MDCCCLXXX要大一些,事实并非如此。如果看顺序,从左到右,在MCMXI中,M后面是C(代表100),而MDCCCLXXX中有D(代表500),两者比较却是第一个数字要大一些。可是,阿拉伯数字就是严格依据顺序。如果两个数的长度一样,我们只需从左往右,看第一个不同的数字。然后我们就可停下,得出结论:第一个不同数字较大的那个数大。其他的数字都可以忽略不计。用顺序来表示事物,有助于激发我们大脑的观察力,简化我们的生活。

第九章

简洁能救命,复杂能致命

> 讽刺的是,"多快好省的经验法则"中最重要的一课很可能是了解那些大师级临床医生们的认知过程,他们不用遵守以证据为基础的医学标准,就能很好地决策。
>
> ——C. D. 内勒

晚餐时喝一杯红酒能预防心脏病,黄油则是健康杀手,所有的治疗和检查都是必需的,只要你付得起费用——健康上的好与坏,我们大多数人都有强烈的直觉。尽管我们相信这些,并且照做,但它们通常以谣言、传闻或信任为基础。很少人真正努力去了解医学研究者了解的东西,尽管许多人在买冰箱或电脑时会查阅消费者报告。经济学家是怎样做出医疗保健方面的决定的?在2006年的美国经济学会大会上,我们问了133名男性经济学家是否采用PSA(前列腺特异性抗原)测试筛检前列腺癌,以及为何如此。其中,有超过50个人参与了筛检,但很少人读过相关的医学文献，有 2/3 的人说，他们没衡量过筛检的利与弊。大多数人是遵循医嘱。像约翰·帕布里克一样，他们凭借的是直觉：

> 看到穿白大褂的，就相信他。

在书籍和医学研究出现以前，权威、谣言和传闻是人类历史上的有效指南。靠亲身体验学得的东西可能非常不利，亲自找出哪些植物有毒，这是下策。如今，盲目信任健康专家还行得通吗，或者病人需要更加详细地了解？这个问题的答案不仅取决于医生的专业知识，还取决于你的卫生保健系统在何种法律和财政体系下运作。

医生能相信病人吗

家庭医生丹尼尔·麦伦斯坦恩（Daniel Merenstein）不知道自己是否能成为理想中的医生。实习的第三年，他在体检时遇到一位很有学问的老人，他今年 53 岁。他们讨论了饮食、锻炼和系安全带的重要性，以及筛检前列腺癌存在的风险与好处。适当的饮食、锻炼和系安全带有利于健康，可却没有证据证明那些通过 PSA 检测进行筛检的人比没有进行 PSA 检测的人活得更久——这与一些医生和病人认为的恰恰相反。可是，有证据证明,如果是慢生性癌细胞(即便不治疗也不会出什么问题),积极的检测会对病人产生危害。根治性前列腺切除术后,3/10 的男性会出现大小便失禁的情况,而 6/10 的男性会阳痿。正因如此,所有的国家性指导方针都建议医生们在对病人进行 PSA 检测时,要事先讨论利与弊。美国预防服务工作组也认为,无论是建议还是反对做常规的 PSA 检测,都没有充分的理由。麦伦斯坦恩一直努力跟进最新的医学研究,以便进行以证据为基础的医学实践。了解利弊后,病人拒绝了 PSA 检测。此后,他再没见过那个人,他毕业后,病人去了另外一家医院。他的新医生没告知他 PSA 的风险就让他做了检测。

这位病人很不幸。他随后被诊断出患有严重的、无法治愈的前列腺癌。尽管没有证据证明早发现能拯救或延长病人的生命,可是,2003 年,麦伦斯坦恩医生和他的住院医师还是被送上了法庭。麦伦斯坦恩以为他会被指控没有和病人商量前列腺癌筛查的事。可是,原告律师声称,在弗吉尼亚州,PSA 检测是治疗标准,麦伦斯坦恩应该进行检查,而不是和病人商量。有四名弗吉尼亚医生出来证明,说他们没告知病人,就给他们做了检测。辩方请来国家级专家作证,说 PSA 筛查的好处还有待证实,并存在疑问,而有文件记录它能造成严重的伤害。此外,辩方还强调了医生与病人共同决策的国家方针。

原告律师在结辩陈词中傲慢地提出,"循证医学"只是一种节约成本的方法，还说住院医师和麦伦斯坦恩是它的"门徒"，而专家们则是它的"创始人"。他请求陪审团做出裁决，好让住院医师们别教实习医生相信循证医学。他说服了陪审团。最后判决麦伦斯坦恩无罪，而医师则被罚款一百万美元。在出庭以前，麦伦斯坦恩一直跟进最新的医学文献，并将其用到病人身上。可如今，他认为病人就是有可能将他告上法庭的人。栽了这一跟头后，他觉得自己别无选择，只能过度治疗，即便要冒着造成不必要伤害的风险，这样也是为了保护自己。"我安排的检测更多了，我面对病人更紧张了；我没能成为自己想成为的医生。"

病人能相信医生吗

第二章中小凯文的故事，让我们开始思考医疗保健中过度诊断可能造成的伤害。麦伦斯坦恩和他的住院医师也是历经教训才明白，为了保护自己，就得对病人进行检测，即便有证据证明这样的检测可能造成危害，且其效果还不得而知。很显然，医疗保健系统出现了问题。"看到穿白大褂的，就相信他"，这种老式的直觉确实起了不少作用。可是，如果医生害怕惹上官司，这种直觉就没有作用了。过度用药和过度诊断成为一种有利可图的生意，DTC（直接面对消费者的）营销也业已合法化。所有的这一切导致医疗保健系统的质量下降、成本提高。下面，

让我们给以下两种结果下个定义:

过度诊断,是指通过检查了解某种身体状况,如不进行检查,患者生活中也许都不会注意到这种状况。

过度治疗,就是针对某种身体状况进行治疗,如若不治疗,患者生活中也许都不会注意到这种状况。

你是宁愿要1000美元现金,还是免费照一次全身CT?关于这个问题,曾有人随机选择500名美国人进行电话调查,其中73%的人宁愿照CT。这些乐观主义者真的知道他们选择的是什么吗?很显然不知道。没有证据能够证明照全身CT的好处,甚至安全性,它并未得到任何专业医疗机构的认可,甚至有些医疗机构还反对它。尽管如此,仍有越来越多的独立企业,包括医生将CT扫描和其他高科技筛查检测推向市场。专业的电视演员打扮成医生的样子,传播着诸如"接受检查,不要心存侥幸"之类的标语。

那些推销CT扫描的医生或许会回答说,人们有权利使用CT,不必花几年的时间空等专家证明它的效果和危害——毕竟,如果检查结果是正常的,人们就可以"安心"了。这样的话听起来让人安慰,可是,CT扫描的结果正常,人们就真的安心了吗?肯定不是,这只是一种肯定的幻觉而已。我们来看看电子束CT,它用来检查冠状动脉疾病病人的病情是否逐渐加重。它的准确率只有80%，也就是说，还有20%的人安心错了。它出现假警报的概率甚至更高。然而，在那些病情没有加重的人中，有60%的人被告知他们的检查结果不一定准确。也就是说，其中许多人，本没理由担心，却在接下来的人生中被根本不存在的病情困扰。我就很少听说这种糟糕的高科技检测，它还不如那些非创伤性的、更便宜的检测方法。我自己宁愿花1000美元避开这样的检查——保留我的安心。

医生们会做他们建议病人做的那些检查吗？我曾给一个由60名医生组成的小组举行讲座，他们包括医疗机构和健康保险公司的代表。其间的氛围很随意，组织者的个性平易近人。接着，我们开始讨论乳腺癌筛查，有75%的五十岁以上美国妇女进行过这项检查。一名妇科医生说，乳房X光检查之后，放心的人是她，是医生。她说："我害怕，如果不建议患者做乳房X光检查，她之后查出得了乳腺癌，会跑回来问我：'为什么不给我做检查？'所以，我建议我的每一个病人都做检查。但是，我知道不应该推荐她们做检查。可我没有选择。我觉得这种医疗体系不可信，它让我感到紧张。"别的医生问她自己会不会做乳房X光检查，她回答说："不，我不会。"接着，组织者问了所有60名医生同样的问题（对男性则问："如果你是女性，你会做检查吗？"）。结果十分令人惊讶：没有一人愿意进行检查。

如果一名女性是律师，或者律师的太太，她会得到更好的治疗吗？在医生眼里，律师倾向于发起诉讼，所以，遇到诸如手术之类需要冒风险的情况时，他们会小心对待。在瑞士，普通人的子宫切除率是16%，而律师妻子的切除率只有8%，女医生是10%。总的来说，受教育越少，私人保险越高，她就越可能接受手术。同样，普通儿童接受扁桃体切除手术的比例也比律师和医生的孩子高。律师和他们的孩子很明显接受的治疗更好，可是在这里，更好意味着更少。

因此，如果你的母亲生病了，而你想了解医生的真实想法，该怎么办？下面这个原则很管用：

> 不要让医生推荐什么。就问他如果是你的母亲，他会怎么做。

我的经验是，如果是他们的母亲或亲人，医生会改变他们的建议。这个问题会改变他们的观点，母亲不会起诉他们。然而，并不是每一个病人都能接受这样的事实，即医生承受着外部的压力，所以需要他们负一些责任。医生与病人之间的关系是情感化的，如一位小说家朋友的例子所示：

"我们明天不能见面了，我要去见我的医生。"他告诉我。

"情况不严重吧？"

"只是一次结肠镜检查。"朋友告诉我。

"只是？你哪里痛吗？"

"没有，"他回答说，"医生让我做检查，我已经45岁了。别担心，在我家里，没人得过结肠癌。"

"会有伤害的。你的医生告诉过你结肠镜检查有什么好处吗？"

"没有，"朋友说，"他只说这是一次常规检查，是医院推荐的。"

"那我们为什么不在网上查查呢？"

我们首先查看了美国预防服务工作组的报告。报告上说，支持或者反对常规结肠镜检查，都没有足够的证据。我的朋友是加拿大人，他说他不相信美国的东西。于是我们又查了加拿大工作组的报告，结果是一样的。保险起见，我们又查看了英国牛津大学的相关数据库，结果仍是一样。我们所查看的医疗机构中，没有一家提到，人们应该进行常规的结肠镜检查——毕竟，结肠镜检查很不舒服，并有多家机构建议进行更为简单、便宜、非创伤性的大便潜血检查。那么，我的朋友会怎么做呢？如果你和我一样以为他会取消和医生的约定，那么你就错了。他无法接受这些证据，于是起身离开了，拒绝再讨论这个问题。他仍要相信他的医生。

医生的两难境地

病人往往会相信他们的医生,可他们一般不会考虑医生的处境。大多数医生都力图在时间和知识极其有限的情况下做到最好。在美国,病人向医生描述状况的平均时间是 22 秒。医生总共花在病人身上的时间是 5 分钟——照例问一些诸如"你感觉如何"之类的问题。这与在瑞士和比利时大不相同,它们有"公开市场",病人可以咨询多个全科医生或专家。在这种竞争性的背景下,医生会花时间鼓励病人回来。在这里,问诊的平均时间是 15 分钟。

在迅速变化的医学界,继续教育是不可缺少的。然而,大多数医生既没有时间去读每月发表在医学杂志上的文章,也没有方法技巧去评估这些文章上的观点。所以,继续教育大多出现在由制药行业赞助开展的研讨班,这些研讨班选址通常在美丽的度假胜地,研究人员允许带家属随行,公司还承担其他费用。制药公司向研讨班提供它们特色产品的科学研究,再派代表以广告或传单的形式将研究出的产品分发给医生。最近的一项调查显示,这些并不是中立的结论。分发给德国医生的 175 种传单上的内容只有 8% 是经证实的。而剩下的 92%,最初研究的报告是错误的,药物的严重副作用并未揭露出来,药效时间被夸大了,或者,若医生想要查看最初的研究,却找不到引用来源。结果,许多医生对最新医学研究的了解非常贫乏。

对于类似的病人和医生来说，地理位置决定命运。佛蒙特州一个医疗推荐区的外科医生切除了那里 8% 的儿童的扁桃体，而其他社区的医生切除了 70%。在爱荷华州的一个地区，到 85 岁时，有 15% 的男性做过前列腺手术；在另一个地区，该比例达到 60%。女性的身体也逃不出这种地理力量。在缅因州的一个地区，20% 的妇女到 70 岁时做过子宫切除手术；而在另一个地区，比例达到 70%。我们没有理由相信这惊人的地域差别能对病人的状况产生影响。病人是否接受治疗，取决于当地的风俗，而治疗的方法则取决于主治医生。比如，对于小范围的前列腺癌，大多数泌尿科医生会建议进行根治性手术，而大多数放射肿瘤科医生会建议进行放射疗法。达特茅斯保健计划的起草者总结说："美国的保健'系统'根本就不是一个系统，而是一种无计划、不合理的资源扩张，它不遵守供需法则。"

当大家在担心高企的医疗保健费用时，我们每年还要花几十亿美元在那些对人们少有，甚至没有益处，更甚者还会造成伤害的项目上。我们能否消除这些问题，将适当的理性注入我们的医疗保健系统？实际上，要矫正这个系统，需要三管齐下：必须形成有效的、透明的政策，来替代医生的自我保护性决定和当地风俗；要找出医疗专家们对于好的治疗方法的共同意见；在实践中改革诉讼，让医生做出对病人最有利的决定，而不是一味保护自己。在下一个部分，我会谈到如何实现第一个目标。

如何改善医生的判断

对于这个问题,有两种传统的建议,且这两种建议都遵循了富兰克林的法则。根据临床决策理论,病人和医生要在多种治疗方案中做出选择,他们在了解了所有可能的结果后,对每一种结果的出现概率和效用进行估计。再将它们相乘,然后累加,最终选择期望效用最高的治疗方案。这种方法好就好在它体现出了共同的决策:医生提供选择、结果和概率,病人负责给可能的效用或害处赋以权重。可是,决策理论并没有说服多少医生使用这种计算,因为它很浪费时间,而且,大多数病人拒绝给治疗肿瘤的潜在伤害赋以权重。此外,临床决策分析的反对者们可能会说,并没有证据证明期望效用计算就是最好的临床决策形式,甚至还有人说,它们并不能促成更好的决定。最后,当直觉与人们的有意推理发生冲突时,人们往往会不满意自己的选择。

第二个建议是采用复杂的统计学方法,以帮助医生做出更好的治疗决策,相比直觉,这样能产生更好的结果。我们会在下一部分介绍这种方法。尽管采用统计学决策法的人比采用期望效用计算法的人多,可是,这种方法在临床实践中也很少见,同样,它也与医学直觉不一致。大部分医生不了解复杂决策模式,最终放弃了这种方法。于是,医生们还坚持着那因自我保护疗法、专长和地域因素而产生偏差的临床直觉。

那么，有没有什么方法能让我们既尊重直觉的本质，又能提高治疗决策呢？我相信，直觉的科学是提供了这样的选择的。出于这个目的，我很高兴在著名的医学杂志《柳叶刀》（*Lancet*）上看到，我们对经验法则的研究开始在对医学产生影响。如本章的引言所说，经验法则被看作是对临床决策者直觉的解释。然而，《柳叶刀》上同一主题的另一篇文章对我们的研究进行了另一种阐释："下一步将会涉及快速简便的启发法，那是供病人和临床医生使用的原则。"这里，经验法则被当作进行复杂决策分析的方法。我自己则相信医生们已经在使用简单的经验法则，可是，因为害怕被起诉，所以不肯承认罢了。他们要么不知不觉地、要么悄悄地采用这些原则，所以别人很难系统地学习。医疗保健中随之出现的问题就很明显。我的选择是将直觉决策发展成为一门科学，公开讨论它们，将它们与有用的证据联系起来，然后训练医学院学生有纪律、有根据地使用它们。

下面的故事就是对以上计划的阐述。治疗资源配置着眼于三种方法：通过临床直觉、通过复杂的统计体系、通过快速而简便的经验法则。故事开始在几年前，那时，我在亚利桑那州的坦佩给医学决策制定学会做演讲。我向他们解释，在什么情况下，简单的原则比复杂的策略更快、花费更少、更准确。当我走下演讲台时，一名来自密歇根大学、名叫格林·李的医学研究员走到我身旁，对我说："我想，现在，我的疑惑解开了。"下面就是他的故事。

去不去重症监护病房

一名男子胸口疼得厉害,急匆匆跑去医院。急诊医生怀疑是心脏病(准确地说,是急性缺血性心脏病)。他们需要迅速采取措施。是该送他去心脏病重症室还是有心电图遥测的常规护理病房?这是一种常见的情形。在美国,每年有一百多万病人被送到心脏病重症室。医生是如何做出这样的决定的?

在密歇根的一家医院,医生凭借冠状动脉的长期隐患因素,包括家族史、男性、高龄、吸烟、糖尿病、血清胆固醇含量增高和高血压。这类医生将90%胸口剧烈疼痛的病人送往重症监护病房。这是防卫性决策的标志:医生害怕因为普通病房的病人死于心脏病突发而遭到起诉。于是,监护室变得拥挤,监护的质量下降,成本也提高了。你可能会想,即便病人并没有心脏病,安全一点总比事后后悔要好。可是,送进ICU也会有风险。在美国,每年有2万左右美国人死于医院传染病。这类感染在紧张的重症病房尤其普遍,因此,重症病房也成为医院最危险的地方之一——我的一位好友就死于在ICU染上的疾病。然而,医生将病人安排在这种极其危险的环境中,他们也能保护自己不被投诉。

来自密歇根大学的一个医学研究小组受命改善这种状况。在检查医生决策的质量时——质量控制还没有成为医院的原则,他们发现了一个令人不安的结果。医生们不仅将大多数病人送

		Chest Pain = Chief Complaint				
		EKG (ST, T wave Δ's)				
History	ST&T Ø	ST⇔	T⇕	ST⇔	ST⇔&T⇕	ST⇕&T⇕
No MI & No NTG	19%	35%	42%	54%	62%	78%
MI or NTG	27%	46%	53%	64%	73%	85%
MI and NTG	37%	58%	65%	75%	80%	90%
		Chest Pain NOT Chief Complaint				
		EKG (ST, T wave Δ's)				
History	ST&T Ø	ST⇔	T⇕	ST⇔	ST⇔&T⇕	ST⇕&T⇕
No MI & No NTG	10%	21%	26%	36%	45%	64%
MI or NTG	16%	29%	36%	48%	56%	74%
MI and NTG	22%	40%	47%	59%	67%	82%
		No Chest Pain				
		EKG (ST, T wave Δ's)				
History	ST&T Ø	ST⇔	T⇕	ST⇔	ST⇔&T⇕	ST⇕&T⇕
No MI & No NTG	4%	9%	12%	17%	23%	39%
MI or NTG	6%	14%	17%	25%	32%	51%
MI and NTG	10%	20%	25%	35%	43%	62%

图 9-1 心脏病预测工具表
它和便携式计算器一起使用。如果你也不懂，就知道为什么大多数医生不喜欢它了。

往重症病房，而且不管病人该不该送重症病房（不管有没有心脏病），他们被送进去的概率都是一样的。医生的决策几近于随机，但似乎没有人注意到这点。此外，另一项研究表明，医生长期努力寻找的长期危险因素，并不是判断病人是否患有急性缺血性心脏病的最重要条件。特别是医生会询问一些"伪诊断"线索，比如病人是否有高血压和糖尿病史，而不问病人有什么症状和出现症状的部位，以及心电图显示的某些信息，这些才是与心脏病更为相关的信息。

要做些什么呢？该小组一开始试图用复杂的策略来解决复杂的问题。他们引进了心脏病预测工具。它由一个图表（上面有五十几个概率值）和一个长长的公式构成，有了这个公式，医生就能用便携式计算器计算病人被送到心脏病重症室的概率。

他们教医生为每个人算出正确的概率，将这些输入计算器，按下"确定"键，结果就出来了。如果得出的值比阈值高，病人就被送到监护病房。只要看一眼这个图表，你就明白医生们为什么不喜欢使用它了。他们根本就不懂。

然而，刚开始接触这个系统时，医生们的决策有了明显的提高，监护病房拥挤的情况也有所改善。因此，该小组得出结论，是计算，而不是直觉，在这个例子中发挥了作用。可他们是知识丰富的研究员，所以还是将图表和计算器从医生手里拿走，才来检测他们的结论。如果计算是关键，那么，将这些拿走后，他们的决策质量应回到最初的随机水平。但是，结果表明，医生的表现并没有退步。研究人员感到很吃惊。医生们能记住图表中的概率吗？一项检测表明事实并非如此，而且，他们也并不了解计算器上的公式。然后，研究员将公式和计算器还给医生们，然后再拿走，如此反复，结果并无影响。医生们第一次见过图表后，他们的直觉就永久性地提高了，即便不再借助计算工具。于是问题出现了：医生没有重要的工具，怎么能正确地计算呢？

在这个问题上，我遇到了研究组负责人格林，他从我的谈话中找到了答案：医生不需要计算器和图表是因为他们根本不需要进行计算。那又是什么提高了他们的直觉呢？一切可能似乎指向那些医生们能够记住的正确线索。他们还是凭借直觉，可是现在他们知道该询问什么了，他们以前只是问错了问题。

这个观点似乎带来了直觉和复杂计算之外的另一个答案，由格林和大卫·梅赫尔一起设计的分配监护病房的经验法则。它符合医生的自然思维，却更加经验丰富。下面请允许我解释一下构建这样一个原则的逻辑。

透明的诊断原则

据证明，心脏病预测工具对于新英格兰6家医院的2800位病人是有效的。那么，为什么不将这个工具用到其他医院呢，比如密歇根的医院？如我之前所提到的，它缺少透明性。当需要大量计算，且有着高概率的系统与他们的直觉产生冲突，医生往往会避开更为复杂的方法。然而，我们在上一章看到，复杂化还有另外一个缺点。当问题具有高度的不确定性时，简单的诊断方法往往更加准确。预测心脏病非常困难，甚至不存在稍微好一点的方法。

我们暂且认为预测工具对新英格兰的病人能起到非常好的作用，但在密歇根的病人身上不一定会产生同样的作用。密歇根医院的病人与新英格兰医院的病人不同，但我们不知道不同之处在何处，也不知道不同的程度有多大。要找出这些，其中一个方法就是对几千名密歇根医院的病人展开新的研究。可是，我们不能这样做，即便如此，这样的研究也要花上几年时间。在没有数据的情况下，我们可以使用前面章节中提到的简单原则。

但是怎么使用呢？一是减少复杂诊断工具中的要素数量，

第九章 简洁能救命,复杂能致命

再使用单一理由决策法。这样一来,就形成了一个简明的树形图(见下文)。这就像"选择最佳"原则,而且能解决不同级别的问题:将一个物体(或人)分成两种或更多种类。

简明树形图

简明树形图只问了几个可用"是或不是"来回答的问题,且每一个问题之后都有一个决定。根据格林和梅赫尔画出的这幅图(图9-2),如果心电图有异常(所谓的ST片发生变化),

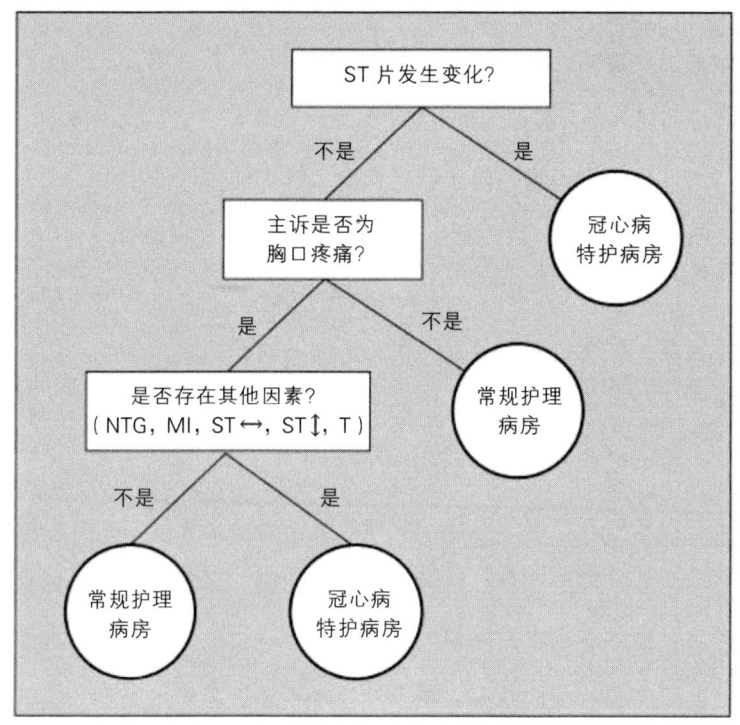

图9-2 用以分配监护病房的简明决策树形图(格林和梅赫尔,1997)

病人就得立刻送往监护病房。不需要其他信息。如果不是这样，还有第二条线索：病人自诉是不是胸口痛。如果不是，病人就被分配到常规护理病房，其他的信息都不用考虑。如果是，再问最后一个问题。第三个问题是复合型问题：病人是否存在以下五种因素中的任何一个。如果是这样，病人就被送到监护病房。这个决策树在好几个方面都快速而简洁。它根本就不需要那五十几种概率，只需要一个或几个诊断性问题。

这个简明树形图将最重要的因素放到最上面。ST 片发生变化，就将有生命危险的病人迅速送进监护病房。第二个因素，如果出现胸痛，为避免监护病房过度拥挤，会将不该送进监护病房的病人送至普通病房。如果这两个因素都不足以做出决定，就来看第三个因素。医生们喜欢这个快速而简便的树形图，不喜欢复杂的系统，因为它是透明的，而且很容易学会。

可是，这种简单的原则准确性有多高呢？如果你胸痛急忙赶往医院，你愿意医生通过问你几个简单的问题做出诊断，还是愿意他用概率表和计算机诊断？又或者，你是否相信医生的直觉？图 9-3 是密歇根医院分别用这三种方法进行诊断的准确性。注意，有两方面的准确性。竖轴上表示的是正确分配到监护病房（比如，确实患有心脏病）的病人比例，想想这个比例也会很高；横轴表示错误分配的病人比例，这个比例很低。对角线则表示随机分配的结果。高于对角线表示比随机水平好，低于对角线则表示比随机水平差。完美的策略应该在左上角，可是，

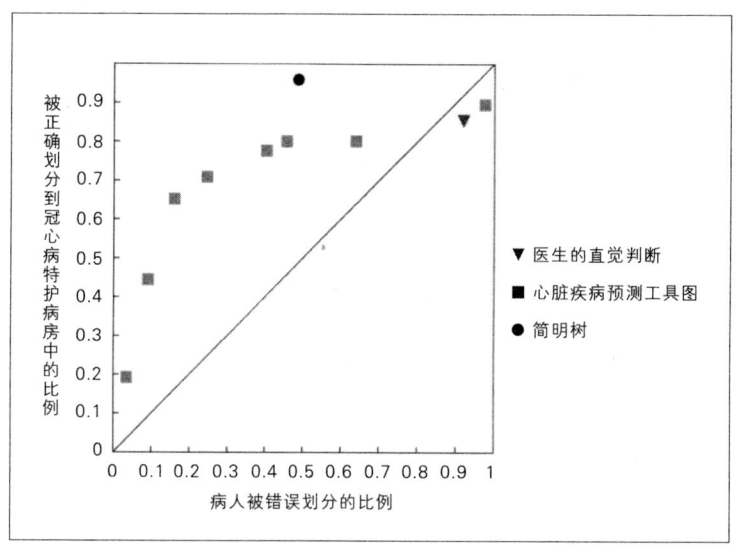

图 9-3 哪种方法可以更好地预测心脏病

在充满不确定性的心脏疾病领域，这样的策略是不存在的。在密歇根的研究小组介入以前，医生们的表现还处于随机水平——甚至比随机水平差一点。如之前所提到的，他们将 90% 的病人送到监护病房，却无法区分哪些病人是真正应该送到那里的。心脏病预测工具的表现用正方形表示，有多个正方形是因为在疏忽和错误警报之间，医生可做出多种权衡。很明显，它的准确性比随机水平高。

简明树形图有什么作用呢？还记得吗？复杂的工具比简单的树形图拥有更多信息，而且它会经过复杂的计算。不过，树形图预测心脏病的准确性比它高。相比复杂的系统，它将患有心脏病的病人送入普通病房的概率较小；也就是说，它的遗漏更少。此外,它几乎减少了一半错误警报的概率。这一次,简单又起到了作用。

总之,简明树形图由三个模块构成:

搜寻原则:根据重要性排序找出各种因素。

停止原则:如果根据某个因素可以做出决定,就停止寻找其他因素。

决策原则:根据这个因素将物体分类。

简明树形图与完全决策树形图不一样。完全决策树形图不是

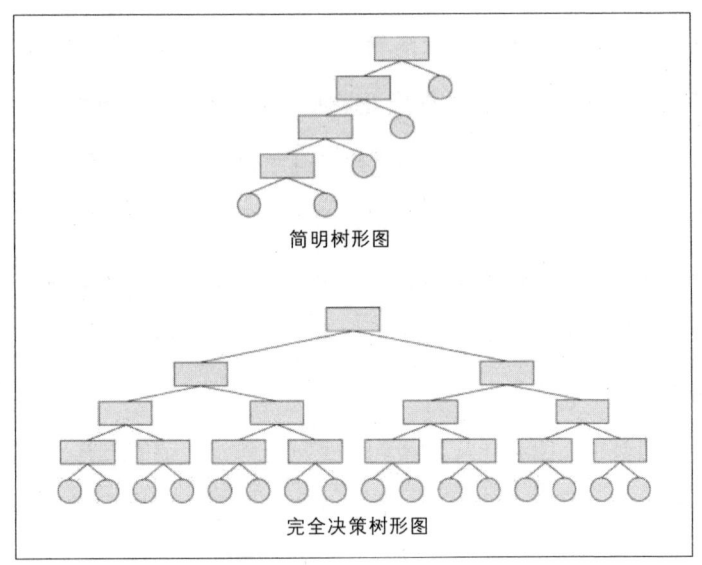

图 9-4 当线索的数量增加,完全树形图很快就变得难以计算,而简明树形图就不会。

经验法则，它信息量大，而且很复杂，既不简单，也不透明。图9-4就是两种树形图。完全决策树形图有 2^n 个叶节点，而简明树形图只有 n+1 个叶节点（n代表因素的数量）。假如有 4 种因素，前者有 16 个叶节点，而后者只有 5 个叶节点；如果有 20 种因素，这个比值就变为 1 000 000∶21。此外，构建完全决策树形图还会遇到其他问题。不仅因为它很快就会变成难以计算的问题，而且随着树形图的增大，能用以对每个阶段进行估计的有用信息就越来越少。比如，如果一开始有 1 万例病人，你要将他们分在数百万叶节点上，最终，你只会得到没有用的信息。和完全树形图不同，简明树形图靠引入次序——哪些因素是最重要的和关键的——来保证自己的效率。

医学直觉可通过训练而得

这个有关病房拥挤的故事告诉我们：医生的直觉不仅可以被那些充满误解和逃避的程序所左右，还可以通过简单的经验原则而得到改善。后者可以减少拥挤，提高监护质量，还能缩小医生治疗时的选择范围。有了它，地域不再决定命运，医生们也不用作一些无用的决定。但是，这种方法上的改变必须得到法律改革的支持，让医生不再害怕做对病人有利的事。有效的诉讼法要从简单的观点开始：少即是多，没有什么是完全确定的。

对医生进行有关经验法则使用的训练，让他们掌握一些符合经验的、决策更快的、透明的诊断方法。如格林所说，医生们喜欢简明树形图，而且，多年以后，在密歇根医院，他们还在使用它。下一步就是训练医生们了解构建启发法的模块，并经调整后用于其他病人群体，全面培养临床直觉。有效的医疗保健护理要求掌握一门艺术，那就是，注重重要的东西，忽略不重要的东西。

第十章

道德行为不能推理

道德毫无神圣之处，它纯粹只是人之常情。

——阿尔伯特·爱因斯坦

普通人

1942年6月13日，黎明时分，驻扎在波兰的德国第101号储备警察营的警察们被哨声惊醒，然后由汽车载到一个村庄的郊区。他们特意加配了子弹，但却不知道发生了什么事，500名警察聚集在53岁的威廉·特拉普指挥官周围。特拉普指挥官紧张地解释道，他和部下接到了一项可怕的任务，且命令是由最高机构下达的。村庄里有18 000名犹太人，据说他们和游击队有牵连。他们接到的命令是将达到工龄的男性犹太人抓到囚犯劳动营里去。而女人、小孩和老人则就地枪决。特拉普在下达命令时，眼里含着泪水，他努力地控制着自己。他和部下此前从没接到过这样的命令。在总结命令时，特拉普还特别提出：如果有些年纪大的人觉得不能完成任务，就站出来。

特拉普停顿了一下。警察们有几秒的决定时间。最后，只有几十个人站了出来，其他人参与了屠杀。许多人在刚开始执行任务时，就开始呕吐或产生其他反应，无法继续杀人，就被派去完成其他的任务。几乎所有的人都对自己的行为感到恐惧和恶心。可是，为什么500人中只有几十个人站了出来呢？

历史学家克里斯托夫·勃朗宁在他的《普通人》一书中描述了其中一个原因，它是以战后101号储备警察营的法律诉讼文件为依据。有125人提供了详细证据，其中多数人都"非常坦白，他们既没为自己开解，也没有提供虚假的证词"。明显的解释就是反犹主义。然而，勃朗宁得出结论说，这不太可能。因为大多数警察都是有家室的中年人，他们大多是因为年纪太大而未被征入德国军队，才被送到了警察营。他们的性格形成期在前纳粹时代，他们懂得不同的政治标准和道德标准。他们来自汉堡，那是德国纳粹化程度最低的城市，他们来自反纳粹的社会阶层。这些人似乎不可能参加大屠杀。

勃朗宁又给出了第二个解释：依从权威。可是法庭上的大量问话表明，这也不是主要的原因。在米尔格拉姆的实验中，权威的研究人员让参与者们对其他人实施电击，与之不同的是，特拉普少校明确地说他们可以"不服从"。他的特别介入减轻了警察们的直接压力，让他们不用服从最高长官的命令。他也不会惩罚那些站出来的人，尽管他还得制住其中一个愤怒的队长，因为第一个拒绝任务的人就来自他的连队。如果原因既不是反犹主义，也不是害怕权威，那么，是什么让普通人成为大规模屠杀的杀手呢？勃朗宁指出了几个可能的原因，其中包括没有预先的警告和思考时间、担心职业发展和害怕受到其他长官的惩罚。然而，在最后总结时，他还指出了另外一个原因，依据是警察们对同伴的看法。许多警察似乎遵循着这样一个社交经验法则：

> 不特立独行。

照勃朗宁的话说，就是警察们"一种不想因为站出来而使彼此分开的强烈愿望"，即便遵照指令就意味着违背"不杀害无辜"的道德规则。站出来就意味着承认自己懦弱，意味着要让队友执行更多这种不堪的任务，这是一件丢脸的事。对大多数人来说，杀人比被孤立容易一些。勃朗宁在书的最后提出了一个问题："在每一个社会群体中，同辈群体在行为上施加了巨大的压力，设定了道德准则。在这种环境下，101储备警察营的警察们会选择杀人，那么，什么样的人不会选择杀人呢？"从道德的角度出发，什么也不能为这种行为辩护。然而，社会法则能帮助我们理解，为什么有的环境会促成或妨碍一些具有道德意义的行为。

器官捐献者

自 1995 年以来，有 5 万美国公民因等不到合适的器官而死去。于是，非法买卖肾脏和其他器官的黑市出现了。虽然大多数美国人说他们赞同器官捐献，而且大部分州都可以进行在线登记，可是相对来说，真正填写捐赠卡的人很少。为什么法国的潜在捐献者占了 99.9%，而美国只有 28% 呢？是什么阻碍了美国人填写捐赠卡以救人性命？

如果道德行为是经过深思后的解释，那么问题就在于美国人尚未意识到对器官的需求。这就要求加大信息宣传，提升公众意识。迄今为止，美国和其他国家已经进行了几十次这样的宣传运动，可是捐献率仍没有得到改变。而法国很明显不必去发动它的公民。然后，人们也许会想到民族性这一层。是法国的道德发展已经达到更高层次，或是法国人相比美国人更加不怕身体被公开解剖？或许如一些流行小说或电影所展现的，美国人是害怕医生不会尽力救治那些签了器官捐赠书的人。可是，又为什么德国的捐赠者只有 12%，而奥地利有 99.9%？毕竟，德国和奥地利有着相同的语言和文化，而且是邻国。我们可从图 10-1 显示的巨大不同看出，有一种强大的力量在起着作用，这种力量比深思后的解释、民族性和个人喜好更加强大。我把这种力量叫作"默认值"：

> 一旦有了默认值，就照着它去做。

那么，它如何解释美国病人会因捐赠者太少而死亡，而法国却有足够的捐赠者呢？在诸如美国、英国和德国等国家，法律规定，若没有登记，就不能成为捐赠者。法律默认没有人是捐赠者，除非你自己申请登记。而在法国、奥地利和匈牙利等国家，每一个人都被默认为捐赠者，除非他选择退出。大多数美国人、英国人、法国人、德国人，以及其他国家的人们似乎遵循着同样的默认原则。他们的行为是该原则和法律环境共同作用的结果，各国之间也因此形成鲜明的对比。有趣的是，在那些不遵循默认原则的国家中，大多数人选择参加，很少人选择退出——28%的美国人选择参加，0.1%的法国人选择退出。如果引导人们的是稳定的喜好而不是经验法则，那么就不会出现图10-1中的惊人差距。从古典经济学观点来看，默认值的作用并不大，因为人们会因为自身喜好而放弃它。毕竟，人们只需填一个表就可以选择参与或者选择退出。可是，证据表明，促成大多数人行为的往往是默认值，而不是稳定的喜好。

一个网络实验表明，人们往往会遵循默认原则。让一组美国人假设他们刚移民到一个新的国家，进入该国家就是默认的器官捐献者，但他们可以选择反抗或改变这种状况。再问另一小组同样的问题，而他们默认不是捐献者。而第三个小

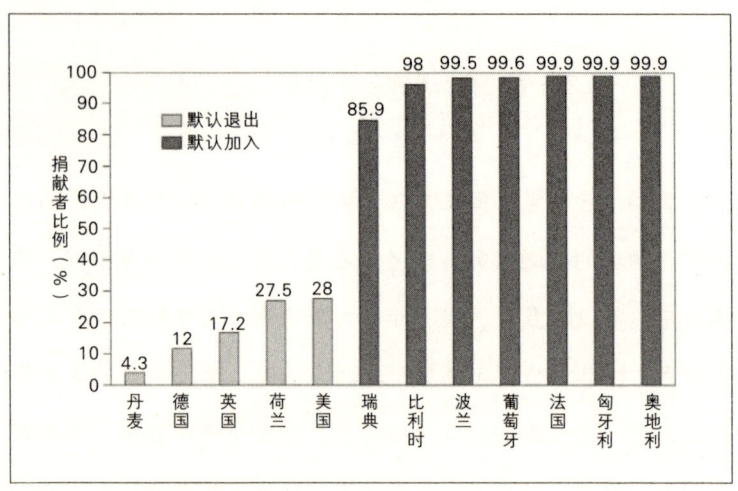

图 10-1　为什么愿意捐献器官的美国人这么少
在奉行选择参与政策的国家和奉行选择退出政策的国家，潜在器官捐献者的比例大不相同。在美国，各州的政策也都不一样，有的采用选择参与政策，而有的是强迫人们做出选择。

组则被要求在没有默认值的情况下做出选择。即便是在这种假设的情况下——坚持默认值和背离默认值要付出同样的努力，默认也会起到作用。当要人们选择退出时，80%的人对自己作为捐献者的现状感到满意，这比在没有默认值时的比例要高一些。而当要人们选择参加时，只有一半的人会改变现状，成为捐赠者。

　　默认原则背后的原理可能是，现有的默认值就是合理的建议——主要因为它是一开始就被实施的，再者，它能减轻人们的压力，使他们不用面对诸多决定。默认原则并不局限于道德问题。比如，在宾夕法尼亚州和新泽西州，司机可以选择购买两种保险，一是司机可以享受无限制提出诉讼的权利，另一种相对便宜但诉讼权利也有相应的限制。不受限的保险在宾夕法尼亚是默认的，而受限的保险在新泽西是默认的。如果司机关心诉讼的权利，他们就会忽略默认的设置。如果他们坚持默认原则，那么，在宾夕法尼亚，更多的司机会购买贵的保险。事实上，79%的宾夕法尼亚司机购买了全额保险，而在新泽西只有30%。据估计，宾夕法尼亚的司机每年要花450美元购买全额保险，而如果他们的默认值和新泽西州一样，那么他们就不会花这么多钱了，反过来也一样。如此，根据习俗设定的默认值对经济和道德行为有着重大的影响。许多人甚至会因此避免主动做决定，哪怕是生死攸关的决定。

理解道德行为

我们对道德行为的分析，着眼点是世界是怎样的，而不是世界应该是怎样的。后者属于道德哲学的范畴。对道德直觉的研究永远不可能替代对道德谨慎和个人责任的需求，但它可以帮助我们理解什么样的环境会影响道德行为，从而帮我们找到改进的方法。

我的论点是，如同语言一样，人类对于道德也有着与生俱来的能力。孩子们仿佛生下来就准备好接受当地的道德原则，就像学习母语的语法一样。从各种亚文化中，他们学会微妙地区分在特定环境下该有怎样的行为，就像区分地方方言中的难懂之处一样。就像人们能判断母语句子的正误却说不出原因一样，强调"道德语法"的原则很显然是无意识的。然而，不同于语言的是，这些原则常常互相冲突，结果出现一些遭受道德排斥的行为，比如大屠杀，或者令人钦佩的行为，比如器官捐赠或舍己救人。原则本身并没有好坏之分，但它有可能用错地方。下面我将自己对于道德直觉的思考总结成三大原则：

缺乏意识。和其他直觉一样，道德直觉也是迅速出现在意识里的，它有着强烈的实施欲，其基本原理无法用语言表达。

根源与原则。直觉附着于某一个根源（个人、家庭或集体）上，有着情感上的目标（比如阻止伤害），能用经验法则描述。

社会环境。道德行为因环境不同而不同。如果对引导人们行为的原则有所了解，就可避免一些道德灾难，而这些原则是由环境引发的。

个人、家庭或集体：附着的根源不同，道德情感就有所不同。比如，"古典"自由主义观点认为，道德就是用以保护个体的权利和自由的。个人的权利得到了保障，人们就可以随心所欲地做事了。于是，其他行为就不被视作道德问题，而是社会习俗或个人选择的结果。根据这一个人中心论，色情和吸毒是个人趣味问题，而杀人和强奸就属道德范畴。然而，在其他观点或文化看来,道德情感扩展至家庭,而不只是个人。在"家庭中心"文化中,每个成员都有自己的角色(比如,母亲、妻子或长子)和对于家庭的终身义务。最后,道德情感可延伸至一个群体,成员们虽不是生来就有关联,但有着象征意义上的关联,比如,宗教、地域或会员。自由主义者们并不把群体的道德规范中的一些原则视为最重要的道德价值观,包括对集体忠诚和尊重权威。而大多数保守派则拥护群体道德,反对那些被他们视为狭隘道德的个体自由。政治和宗教自由人士很难理解保守派口中的"道德价值观",也不理解他们为什么会反对并不妨碍他人权利的同性恋。

心理学家乔·海特提出了五种进化能力,每一种能力都像一个味蕾,分别对应伤害、互利主义、等级制度、派系或纯洁度的感知。据他所说,我们的思维时刻准备着将道德感情附着于以上所有或其中一些感知,这要取决于它所处的文化。下面我将这几种味蕾和三种"根源"联系起来。在奉行个人主义道德规范的社会中,只有前两种味蕾被激活:保护人们免受伤害;坚持公平和互利主义,以保障个人的权利。根据这种道德规范,流产、自由演讲和抵制酷刑的权利都属于道德问题。西方道德心理学注重个人化,所以,站在它的角度,道德情感是个人自主的问题。

在一个注重家庭道德规范的社会,有关损害和互利的道德情感是植根于家庭,而不是个人的。那是家庭需要保护的福利和荣誉。而从个人主义的角度出发，如果形成裙带关系，那么，这种道德规范就值得怀疑了。在许多传统的社会，任人唯亲是一种义务，而不是罪行，从印度到美国，在现代民主中，也存在家族关系。然而，若个人主义群体对任用亲属的做法表示不满，那么，他们对家人的行为也会招致其他群体的不满。1980年，我第一次去俄罗斯时，和一些学生进行了激烈的讨论，他们对我们西方人安置父母的方式——把他们送到养老院终老的行为非常愤慨。他们认为我们不愿意照顾自己父母，且对这种行为很反感。此外，家庭伦理还会激发等级感。它能创造尊敬、责任和服从的情感。

在一个以集体为中心的社会，与损害、互利主义和等级制度相关的事物，都得以集体，而不是家庭或个人为根本。它的伦理观点能激发五种感知，包括对派系和纯洁度的感知。大多数部落、宗教群体或国家都提倡爱国主义、忠诚和英雄主义等美德，从远古时代，个人就开始为自己的派系而牺牲生命。在战争年代，"支持我们的军队"是最流行的爱国主义情感，而批评他们则被视为背叛。同样，对于纯洁、污染和神圣，大多数群体都有其准则。若有人违背这些准则，就会招致厌恶，比如吃狗肉、和坏人做爱，或者每天不洗澡。然而，在西方国家，道德问题往往以个人自由为中心（比如结束别人生命的权利）；在其他国家，道德行为更注重集体的道德规范（包括对权威的责任、尊重和服从）和神圣的道德（比如玷污纯洁和圣洁）。

需要注意的是，这些都只是倾向，而不是明确的分类。每一种人类社会的道德情感都来自那三种根源，尽管侧重有所不同。《圣经》中的十诫、613 条诫命和《摩西五经》，以及其他大多数宗教文献，都提到了三种根源。比如，"不可做假见证陷害人"就保护了他人的个人权利，"当孝敬父母"确保了对家庭权威的尊重，"除了我以外，你不可有别的神"保障了集体中的神圣原则。由于道德情感固定在不同的根源上，所以，冲突会成为规则而不是例外。

与我观点相反的是，道德心理学将道德行为与口头解释和推理联系在一起。比如，劳伦斯·柯尔伯格（Lawrence Kohlberg）的认知发展论假设了三种道德认知水平（每一个水平又分为两个阶段）。第一种，小孩子对正确的理解取决于"我喜欢"，也就是说，自私地估计什么能带来回报或者避免惩罚。第二种"习俗"水平，大一点的孩子和大人通过"集体赞同"来判断什么是道德的，也就是通过权威或者相关群体来判断。最高一层，后习俗水平，是非判断是根据从自身或集体中分离出来的客观的、抽象的和普遍的原则。用柯尔伯格的话说："我们认为有一种全球通用的合理道德理念的形式，且所有人都能用该形式来表达。"

这些阶段来源于孩子们对道德困境的口头陈述，而不是对实际行为的观察。柯尔伯格强调言语表达的行为，与我们的第一个原则——缺乏意识，形成对比。描述母语语法规则的能力并不能测试出某人对语法的直觉知识。同样，孩子们具有的道德体系比它们能够说出的丰富。柯尔伯格强调个人权利、偏见、公平和人们的福利，它的前提同样是假设道德思维的根本是个人，而不是家庭或集体。然而，多年的实验研究并未表明道德发展有着严格的阶段。还记得柯尔伯格的计划有三个水平，每个水平又分为两个阶段；于是，从理论上讲，就有了六个阶段。但是，第一、第五和第六阶段很少以纯粹的形式出现，不管是在大人还是儿童身上；一般来说，儿童的第二和第三阶段是混合在一起的，而大人习俗水平的两个阶段是混在一起的。在世界范围内，只有1%或2%的大人能达到第三个水平。

我们在区分对错时会进行有意思考，这点我并不怀疑，尽管这样的思考往往发生在我们对自己的行为进行解释以后。可是在这里，我讲的重点是基于我们直觉的道德行为。

虽然不知道为什么，但我知道它是错的

对于道德直觉，我的第一个原则是，人们往往不知道自己道德行为的原因。在这些情况下，有意推理是对道德决定而不是其原因的判断。看看下面的故事：

朱莉和马克是姐弟，他们利用暑假时间，一起去巴黎旅游。一天晚上，在一个小木屋里，他们想做爱，保险起见，他们既

吃了避孕药，也用了避孕套。他们都能享受做爱的过程，可是，他们决定再也不这样做了。于是，那晚成了他们的秘密，这个秘密让两人更加亲近。这件事，你怎么看？你觉得他们可以做爱吗？

听到这个故事后，大多数人的第一反应是姐弟之间不能做爱。可是，只有问他们为什么不赞同的时候，他们才开始思考原因。人们或许会提到近亲交配的后果，然后提问者提醒他朱莉和马克用了两种避孕方法。还有的人开始结结巴巴，最后来一句："我不知道为什么，但我知道这样是不对的！"海特将这种心境叫作"道德慌乱"。许多人对兄弟姐妹、堂兄弟姐妹之间的乱伦很反感，尽管这并没有困扰古埃及的王室。同样，父母死后，我们不会让别的东西吃他们的头，而其他国家就不一样。我们认为，让虫子吃掉死者的头，是对死者的侮辱。悠久的哲学传统告诉我们，道德问题的绝对真相是可以从直觉中看出来的，无须别的理由。道德直觉往往是不言而喻的，这点我表示赞同，但这些直觉不一定就是普遍的真相。推理很少引起道德判断，它是在事实之后去解释或证明。

第二个原则是，同样的经验法则既能构成道德行为，也能构成不具道德色彩的行为。如之前所描述的，默认原则能解决我们所谓的道德问题，也能解决非道德问题。另一个例子是模仿，它在许多情况下都引导着我们的行为：

> 同龄人做什么你就做什么。

这个简单的原则在不同发展阶段引导着我们的行为,从儿童、青年再到成年。它实际上确保了在同龄群体中的社会认可,也与集体的道德规范保持一致。如果违背了这个原则,别人就会说你懦弱或者古怪。它能引导道德行为——不论好的还是坏的(慈善捐赠、歧视少数民族)——和消费行为(穿什么衣服、买什么CD)。青少年喜欢买耐克的鞋子,因为他们的同龄人都穿耐克,反移民活动的人毫无理由地讨厌外国人,因为同龄人都讨厌。

再看看不打破常规原则。这个原则可能将一名士兵变成忠实的战友,也可将他变成杀手。如一名美国步枪兵在回忆"二战"时期的战友之情时说:"你向岸上进攻的原因不是爱国主义或是勇敢,而是那种不想失去战友的情感。那是一种特殊的亲情。"一些不一致的行为可能是同样的潜规则所致,比如,这么好的人怎么可能做那么坏的事,那个讨厌的人怎么变得这么好了?规则本身不分好坏,但它能产生令人称赞的行为,也能产生招人责备的行为。

许多心理学家反对用感觉来做推理。然而,我认为直觉本身就具有合理性。直觉和道德审慎之间的不同之处在于,支撑道德直觉的理由往往是无意识的。因此,主要的区别不在感觉和理由之间,而在基于无意识原因的感觉和有意的推理之间。

第三个原则非常实际,如果知道了支撑某种道德行为的机制和触发这种道德行为的环境,那么,就能阻止或者减少道德灾难。想想器官捐赠的例子。法律制度若能意识到经验法则引导行为这一事实,就能将理想的选择变成默认值。在美国,简单地改变一下默认值就能拯救那些等待器官捐赠的人的性命。设定合适的默认值是对复杂问题进行简单处理的办法。同样,再看看101储备警察营的警察们。这些人从小就遵守着基督教和犹太教所共有的"不杀人"的戒律。然而,特拉普的命令使服从戒律与保留职位并不发生冲突。如果他让那些能完成任务的人站出来,那么,参与杀人的警察人数可能大大减少。由于时间不可逆转,我们也无从证实这点,可这两个例子都说明,对道德直觉的看法能够"从外部"影响道德行为。

继续这项思维实验,我们往相反的方向假设:如果储备警察们的行为是由权力、反犹太主义的态度、对少数民族的偏见或邪恶的动机引起。如果是这样,要立刻阻止这种行为是不可能的。在这里,社会环境(特拉普少校和其他人)起到的作用并不大,单是一名警察就可以从战友中分离出来、"决定"杀或不杀,就像和战友们在一起时一样。与经验法则相比,性格并不能改变什么。

道德直觉是基于能力发展的。一种相关的能力能使某人与同辈群体区分开来,也正是这种能力让人类变得独一无二,它包括文化、艺术与合作发展，但它也是许多痛苦的起点，从争取群体一致而面对的社会压力到对其他群体的仇恨与暴力。对于那些认为道德行为是基于固定喜好或独立理性反应的人来说，我的分析是对他们的挑衅。可这种看似不切实际的东西其实是避免道德灾难的关键。

道德机构

从地方教堂到罗马教廷，从受虐妇女避难所到国际特赦组织，人们喜欢成立各种各样的道德机构。一个道德机构有荣誉或纯洁准则来规定何为正派、何为邪恶，并试图对社会产生积极的影响。这些机构的结构影响着其成员的道德行为，以及成员行为背后的合理性。

保释与监禁

是无条件释放被保人，还是罚其监禁，这是法律要做出的一项重要决定。在英国体系中，大多数地方法官是未经过法律培训的地方社区的成员，这个决定往往是由他们来做。在英格兰和威尔士，地方法官每年要与两百万被告人打交道。他们的工作包括每一两个星期抽出一个早上或下午的时间坐在法庭上，处理两三起案子。那么，地方法官们是如何做决定的呢？法律规定，他们应重点关注犯罪行为的性质和严重性，被告的特征、社区关系和保释记录，以及控方的指控强度和其他相关因素。然而，法律并未规定地方法官该如何将这些信息结合起来，法律也并没有检验他们的决策是否得到了正确的反馈，只能靠地方法官的直觉。

地方法官是如何做这几百万次决定的呢？当然，他们会自信满满地说，为确保公正无私，他们已经彻底核对过所有的证据。比如，他们可以说，某个决定"是衡量了大量的信息，并结合我们的经验及素养做出的"。委员会主席声称："我们受过严格的培训，能对掌握的证据提出质疑并进行认真评估。"有人就自信地说："地方法官的复杂决策你永远都学不会。"

事实是，可以学会。人们往往认为他们是用复杂的策略来解决复杂的问题，其实他们的策略非常简单。为找出地方法官直觉决策背后的原理，研究人员在四个月内观察了两家伦敦法庭的几百次听证会。法官平均花在一起案件上的时间不到十分钟。伦敦地方法官询问的信息包括年龄、种族、性别、犯罪的严重性、犯罪类型、犯罪次数、与受害者的关系、辩护（有罪、无罪、无辩解）、前科、保释记录、控方的指控强度、认罪的最高惩罚、延期情况、延期长度、之前的延期次数、起诉请求、辩护请求、之前的法庭保释决定和警察保释决定。此外，他们还要看被告是否出席了保释听证，是否再次进行法律陈述，陈述者是谁。并不是每个案件都需要这些信息，而且其他案件可能还需要其他信息。

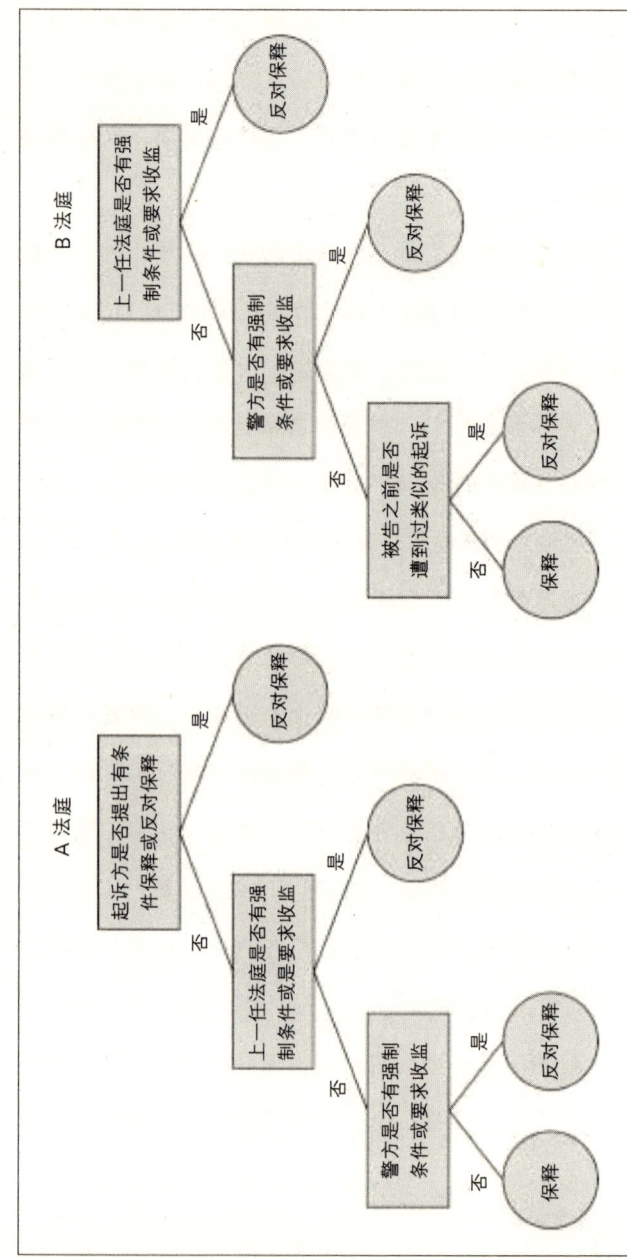

图 10-2 英国地方法官们是如何做出保释决定的

两个简明树形图预测了两家伦敦法庭的大多数决定。法官们很显然没有意识到自己的经验法则。反对保释 = 收归拘留或有条件保释；保释 = 无条件释放。

请相信地方法官们认真核对了所有的证据。然而,有人在 A 法庭上对保释决策进行了实地分析,得出一个简单的原则,这个原则呈简明树形结构(如图 10-2,左)。它正确预测了所有决定的 92%。当控方反对保释或要求有条件保释时,法官们也会反对保释。如果控方不反对,或无可靠信息,那么第二个原因就派上用场。如果之前的法庭施加了条件,或扣留候审,法官也会反对保释。否则,他们就会考虑第三个原因,且根据警察的行动来做出决定。B 法庭的法官们也使用了有着同样结构的经验法则和两种同样的原因(图 10-2,右)。

伦敦的这两个法庭使用的经验法则似乎违背了法定诉讼程序。每位法官的决策都只凭一种原因,比如警察是否处以有条件的保释或进行关押。人们也许会说,警察或者控方已经看过了所有与被告相关的证据,因此,法官只需要走一条捷径就可以了——若按这种说法,法官们就可有可无了。然而,这些条件似乎既与犯罪行为的性质和严重性无关,也与法定诉讼程序的相关信息无关。另外,法官问了与被告相关的信息,随之又在做决定时忽略这些信息。这些法官一定不知道自己是怎么做出保释决定的,除非他们故意欺骗大家(我没有理由这样假设)。

然而,按照法定诉讼程序,知道得多了,就会引起道德冲突。法官的正式任务是公平对待罪犯和公众,所以他们必须避免两种错误:漏报和虚报。这里的漏报是指,疑犯被保释出去后,又犯了另外的罪行,比如,威胁证人或拒绝出庭。虚报是指,疑犯没有犯罪,却被关押。不过,法官很难完成这个任务。其一,英国机构并没有收集有关法官决策质量的系统信息。尽管保留了关于出现虚报的时间和频率的数据,但漏报的相关数据却没有:我们不知道犯人被保释后是否还会犯罪。也就是说,法官们在一个不提供反馈的机构工作。既然他们不知道如何完成身上的任务,就试着去解决另外一个任务:保护自己。只有当嫌疑人被释放后不出庭或是在保释期间犯了罪,才能证明法官的决定是错误的。如果发生这样的事,法官们也能保护自己不被媒体和受害人指控。比如,在A法庭上,法官可以反复强调,无论是控方还是之前的法庭,抑或是警察都没有提出或要求刑罚性的决策。如此,事件是不可预知的。这种防卫性的决策就叫作"推卸责任"。

英国保释体系要求法官们遵循法定程序,可它并没有在机构中设定相关程序,以实现这一目标。结果,法官的实际行为和他们认为的法官的行为之间形成了一个缺口。如果法官们完全知道自己在做什么,那么,他们会与法定程序发生冲突。这正是根除错误的自我感知,创造条件以促使英国保释体系的改进。

裂脑机构

机构是如何形成道德行为的?就像蚂蚁在沙滩上的行为一样,人类的行为也与自然或社会环境相适应。我们来看另一个机构,它像英国法院一样,要求员工完成一项道德使命。员工可以犯两种错误：虚报和漏报。如果该机构不提供有关虚报和漏报的系统反馈，而是在出现漏报时责备员工，这就激发了员工自我保护的天性，并使其凌驾于保护顾客的愿望之上，从而助长了他们的自欺行为。我把这种环境结构叫作"裂脑机构"。这是在对脑胼胝体被割裂的人进行研究时提出的术语。有一位这样的病人，实验人员拿一张裸体照片在她的左视野区晃，她竟然笑了起来。实验人员便问她为什么笑，她说他的领带很好笑。照片只进入了她的右脑（非语言脑）。因为大脑被分开了，左脑（语言脑）不得不在没有信息的情况下做出解释。裂脑患者靠左脑来解释由右脑发起的行为，从而虚构出因果颠倒的故事。同样的事也发生在普通人身上。研究裂脑病人的神经科学家迈克·加扎尼加将负责语言的左脑叫作"解释者"，它组织一个故事来讲述无意识智慧产生的行为。而我认为，法官或其他人的"解释者"在解释直觉时都是一样的。

这种类比只坚持了一个观点。和裂脑患者不一样，裂脑机构能对虚构行为施加道德制裁。我们也看到了，如果法官完全意识到自己正在"推卸责任"，他们也能意识到他们的方法与法定程序是互相冲突的。医疗机构往往有着类似的裂脑结构。许多西方健康体系允许病人调查专科医生的排名，但却不提供有关治疗有效性的反馈，以判断医生治疗的效果。你可以控告医生看漏了一种疾病，却无法指控他治疗过度和用药过度，这就让医生的自我保护凌驾于他对病人的保护之上，从而助长了他的自欺行为。

透　明

直率就好比墨水，有效的道德体系就是由它写成。"十诫"就是最好的例子。《圣经》上说，在西奈山上，宗教箴言神圣般地显现在摩西面前。它们刻在两块石碑上，字母很小，只有人类的手指一样宽。十行短短的话很容易记住，而且留存千年。如果上帝为摩西聘请了法律顾问，他们为了涵盖道德生活的方方面面，还会增加几十个条款和修正，从而造成复杂的问题。然而，完整似乎并不是上帝的目的。我相信，上帝是一个容易满足的人，而不是一个完美主义者。他关注最重要的问题，其他的问题则忽略不顾。

一个社会需要多少道德法则呢？十条够吗？或者，我们是否需要像美国税法那样复杂的体系？法律太难懂了，就连我的法律顾问都无法了解所有的细节。不透明的法律体系促进了那些钻法律漏洞的游说集团的利益。法律专家理查德·爱泼斯坦认为，非常完整的法律体系只是一种幻觉。没有一个体系能涵盖95%以上的法律案件；其他的须由审判来决定。他还说，然而，这95%的案件能由少数法律来解决。爱泼斯坦在他的《复杂世界的简单原则》一书中提出了一个只有六种原则的体系，其中包括自我所有和防止受侵的权利。

快乐微积分

到目前为止,我解决了行为是什么的问题。在许多情况下,人们的道德情感基于无意识的经验法则。我也不排除,有意的解释是道德行为的动机,但我认为,这只在特定的背景下出现,比如在专业的讨论或是在社会动乱中。有趣的是,简单的原则和复杂的推理之间的讨论也存在于道德哲学中,它试图回答人们的行为应该是怎样的。

"十诫"可以作为经验法则的例证。言语简短的优势在于它们易理解、易记住、易遵守,比如"当孝敬父母""不可杀人"。简单的原则与道德哲学中所谓的"结果论"不同,它是用结果来判断方法。如果对一名恐怖分子施以酷刑能保护国家安全,那么对他施刑就是对的吗?对此,有两种观点。一方说,要看两种选择(施刑与不施刑)的结果和可能性,选择一种预期效益最高的。如果和国家的安全相比,对恐怖分子施刑的不利程度较小,那么选择施刑。另一方说,"不施酷刑"的道德原则高于一切。

许多道德和法律哲学的命脉就是将期望效用或快乐最大化。17世纪法国数学家布莱士·帕斯卡(Blaise Pascal)将最大化作为道德问题的答案,比如某人是否该信奉上帝。他说,这种决定不应该以盲目的信念或盲目的无神论为依据,而是要考虑每一种行为的结果。如果信仰上帝,但他却不存在,那么就放弃了一些尘世的快乐。可是，如果不信上帝，但他却存在，那么将会遭遇永远的诅咒和折磨。因此，帕斯卡认为，不管上帝存在的概率有多大，已知结果表明，相信上帝是对的。有价值的是行为的结果，而不是行为本身。这种思维方式有多种形式，并非只有单一形式，其中最著名的就是最大化原则：

> 在最大程度上寻找最大的快乐。

英国法律与社会改革家杰里米·边沁（Jeremy Bentham）提出了一个计算行为是否带来最大快乐的微积分。他的"快乐微积分"就相当于我们在第一章提到的富兰克林的"资产负债表"。

每一种快乐或痛苦的价值来自六种因素，它们是：

1. 强度
2. 持续时间
3. 确定程度
4. 距离
5. 产出（带来其他同类感觉的概率）
6. 纯度（不带来其他非同类感觉的概率）

为判断可能产生最大快乐的行为，边沁对每一种行为提供了以下指标。从一个兴趣会受行为影响的人开始，总结出这个人可能经历的所有快乐和痛苦的值，再判断该行为的平衡点。对其他人重复同样的过程，再判断所有人的平衡点。然后重复下个行为的全部流程，最后选择得分最高的行为。

边沁的计算是当代结果论的原型。在我们的世界中，它是如何起作用的呢？假设在一个多云的晚上，载有400人的波音747正开往洛杉矶。地面与驾驶舱的联系突然中断，其中一名乘客发短信给他的朋友说飞机被劫持了。接着是一片安静。地勤人员怀疑飞机会直接飞向美国银行大厦，就像被挫败的针对布什政府的攻击一样。飞机将在五分钟内到达美国银行大厦，一架F-15战斗机已经在空中待命。战斗机必须快速行动，阻止飞机撞上目标，还要阻止飞机部件落到人多的地方。同时，谁也不能确定飞机是否会袭击大厦。你能命令F-15的飞行员击落波音飞机、杀死400名无辜的乘客吗？

对于快乐计算法来说，这种情境既简单又复杂。简单是因为只有两种可能的行为，击落飞机，或者静观其变。复杂是因为必须在有限的时间和信息条件下做出决定。美国银行大厦里有多少人？这真的和"9·11"事件一样吗，还是那条信息是错误的，甚至只是一个玩笑？由于云多，F-15的飞行员是否会打到别的飞机？这种情况并不是快乐计算法的经典例子，因为对快乐和痛苦的计算需要进行诸多猜测，还可能出现错误。按照计算法，我们需要估计每一个相关人员（每一名乘客、机组人员、大楼里的人、附近地面上的人和这些人的亲戚朋友）感受的强度、持续时间,还要估计飞机坠落或是不坠落引起的痛苦和快乐的程度。

尽管边沁的计算法形成了促进民主和自由改革的道德体系,但它对于即时决策并没起到多大作用。它存在两个问题,其一,若没有已知方法来估计有关值,那么无论射击与否,人们都会选择能证明其决策正确性的信息,而不是在有时间限制的情况下这个问题才受限。哲学家丹尼尔·丹尼特(Daniel Dennett)提出了一个问题,三里岛核泄漏事故到底是好事还是坏事。在计划一个可能导致核泄漏的行为时,我们知道有可能会发生这样的灾难,还能说它能产生积极或消极的效用吗?它对核政策的长期影响(许多人认为的积极效用)超过了其引起的消极结果吗?该事件发生许多年后,丹尼特总结说,要说何时能得到答案还言之过早。其二,这一类复杂计算的优势还未有所证。我们已经知道,即便有可能大过所有的原因,这个结果往往不如好的理由得出的结果准确。

2001年的"9·11"事件后,各国为应对飞机事件,纷纷做出裁决。2006年2月,德国联邦宪法法庭做出裁决,因为疑似恐怖行动而牺牲和故意杀害无辜百姓的行为违反了联邦宪法中保护人性尊严的条款。也就是说,如果被劫持的飞机上有无辜的乘客,那么击落飞机就是违法的。此外,法庭还提到了假警报的危害,说它可能导致在不清楚和不确定的情况下做出击落飞机等不必要的行为。另一方面,俄罗斯议会通过了一条法律,允许击落疑似被作为飞行炸弹的客机。这些不同的法律决定表明，结果论和康德派的"不为了达到目的而杀害无辜百姓"的道德原则之间是相互冲突的。

这两种体系的不同之处在于它们是否愿意交易，认为应该为了道德责任而进行交易的观点往往与人们的直觉相冲突。

交易是不道德的吗

戴安娜和大卫是一对非常恩爱的夫妻。他们各自的事业刚刚起步，她是一名房地产经纪人，他是一名建筑师。他们找到了建造爱巢的最佳地点，并办理了抵押贷款。经济萧条时期，他们失去了拥有的一切，于是他们前往洛杉矶，想赢回他们需要的钱。在赌桌上输了之后，一位对戴安娜一见倾心的亿万富翁接近他们。他出一百万美元让戴安娜陪他一晚。

如果你和你的配偶面临这种财务危机，你会接受这个提议吗？阿德里安·莱恩（Adrian Lyne）的电影《桃色交易》（*Indecent Proposal*）中的情节就是应对这种交易。忠诚、真爱和荣誉可以用作交易筹码吗？许多人认为，用这些神圣的价值观来交换钱或其他世俗的物品，是毫无道理的。然而，经济学家会提醒我们，我们生活在一个资源不足的世界里，最终，所有的东西都会有它的价格标签，不管我们喜不喜欢。对此，奥斯卡·王尔德将犬儒学派定义为，那些知道所有东西的价格，却不知道任何一种东西的价值的人。《桃色交易》的高潮源于将忠诚视为神圣的价值观和将忠诚视为商品之间的冲突。夫妻俩最终接受了提议，可是那晚以后，他们才明白自己的决定还要付出额外的代价，他们的关系有可能破裂。

　　愿意出卖什么，不愿出卖什么，受到文化因素的影响。自由民主党人和保守的共和党人也一样。自由市场能允许买卖人体器官、博士学位或儿童收养权吗？人们可以将自己卖作他人的奴隶吗？有些地方买卖儿童，或者把未成年幼女卖给别人当媳妇。妓女靠出卖身体和性谋生，还有人指责政治家出卖自己的理想。如果什么东西被认为具有道德价值，那么，用它做交易就会引起道德愤怒。许多市民反对专家根据年龄、性别或教育水平对某个人赋以货币价值，这就是其中一个原因。同样，如果某汽车公司当众宣布自己公司的汽车并未引进特殊的安全预防措施，因为拯救一个生命要花费1亿美元，那它肯定会引发道德愤怒。大多数文化中都有一种强烈的直觉，那就是，生命的价值不应该由金钱来衡量。

　　这种对交易的反感表明，道德直觉基于一种经验法则，而这种经验法则又是基于单一原因决策，而不是权衡和增加重要性。同样，有两种人，进行交易的道德完美主义者和不进行交易的道德满足者。或许，我们每一个人都有愿意交易和不愿交易的道德价值观。其分界线取决于我们道德直觉的根源在哪里。

如果植根于个体的自主权,那么交易就没有问题,除非它伤害到其他人或者侵犯了他们的权利。如果道德规范植根于家庭或集体,那么,与阶级、派系和纯度相关的问题就不能拿来交易。

第十一章
无知者无畏

当别人笑的时候,即使你不知道他为什么笑,也要跟着一起笑,越快越好。

——一名留学普林斯顿大学的日本学生

朋友曾给我讲过一个故事,是关于一名教授的,她喜欢穿超短裙,55岁的女人穿这么短的裙子还真是少见。教授是天主教徒,她在巴黎旅行时,去一个教堂参观。教堂里正在举行悼念仪式。因为要在这里等一位朋友,所以她也参加了悼念仪式。她就站在一列长长队伍的最后,当她终于走到前面时,看到一个男人的尸体躺在棺材里。她前面的人都亲吻了死者的手背。轮到她时,她紧张地在胸前画了一个十字,还一边往后退。然后,她发现那个身着素衣的寡妇和其他女人正盯着她看。她也会一些法语,所以无意中听到寡妇悲伤地说,本以为自己的丈夫外面没有情人,看来是自己错了!这时,教堂另一边的男人们正在偷偷地笑,还相互推搡着，一边欣赏着她的短裙，心里肯定也是同样的念头。要知道，缅怀死者时，情人都是排在最后一个。因为法语不够好，加上时间有限，这位可怜的教授不知道该怎么解释当前的情况。尴尬之余，她跑出了教堂。

对于一个没有社交本能的"火星人"来说，当然不会发生太多事：教授站错了地方，后来她发现了自己的错误，然后离开了。患有孤独症的人对这个问题的看法大概也类似。而智人则是社交动物，他们拥有对社交生活动态（包括背叛、信任和名声）快速做出结论的能力。我们能发觉已知信息以外的情况，我们不仅具有这种能力，而且还不能不使用它。我们无法停止对他人进行推断。这种能力就叫作社交智能，或者，为强调它的操纵力，称之为权谋智能。

为什么我们具有社交智能呢？根据社交智能的假说，人类所处的社会环境比物理环境更加复杂、具有挑战性，且不可预测。所以，这种复杂的环境创造了最高级的智能："必须能计算自身行为结果和他人行为的可能结果，以及收益与损失之间的平衡"的计算思维。从这个观点出发，一个人对他人的思维解读得越好，他的社交 IQ 得分越高。一个男人要估计某个女人是否相信他爱她，他就得思考她认为他认为她认为他认为她会做什么等。想得越多越好。这种假说是基于一种流行的假设，即解决复杂的问题总是需要复杂的、有意识的思考。但是，如今，你可能认为，并没有必要这样做。

我想，大多数社交都是被我叫作社交直觉的特殊直觉的结果，而不是复杂计算的产物。

本能的直觉

如果有人认为人的本性就是自私，此人就是清醒的现实主义者。事实上，很多人赞同这样的看法，即我们是由唯一的问题驱使着："这对我来说意味着什么？"有关利己主义的理论很难反驳；即便人们牺牲自己的利益帮助了别人，也会有人说他们这样做只是为了让自己心里舒服。我也承认，有时我们的行为是自私的。但是，我也认为，意识到人类的驱动力有多个，有助于我们理解人类的本质。自私与两种基本的社交直觉是相互冲突的。

人们一直生活在相对较小的群体中，直到一万年前农业得到推广。我们的社交直觉是在某种小的社交网络中形成，所以两种基本的社交直觉就是家庭直觉和（群体）部落直觉。家庭直觉是我们和灵长类祖先所共有的，而群体直觉是人类独有的。

家庭直觉：照顾好你的家人。

群体直觉：支持某个具有象征意义的群体，与群体成员合作，保护他们。

如果人人都是自私的，就不存在家庭直觉。而事实上，许多动物就不具有家庭直觉。如我们所知,许多爬行动物既不关心自己的亲属,也不关心自己的后代,有的甚至将它们视为猎物。相反,社交性的昆虫,比如蚂蚁,被认为是愿意分享、关爱和具有群体思想的生物。为什么蚂蚁宁愿放弃繁殖而去抚养蚁后的后代?这个问题曾令达尔文困扰。如今可用家族选择原则来回答,该原则中,个人的自私被帮助亲属的冲动战胜了。从这个观点出发,如果要你在自己的性命和两个弟弟的性命之间选择,你可能会选择自己的性命,但如果是三个弟弟,你就会牺牲自己去救他人。你的弟弟有着你的一半基因,所以,从基因角度出发,你两个弟弟的性命和你的一样重要,但如果是三个弟弟,那么弟弟们的性命就更重要些了。

事实上,基因并不总是起作用,但是七大姑八大姨在侄子女身上的投资往往多过其他小孩,即便他们也会抱怨那臭小子不值得他们这样。君主制是家庭直觉的政府原型,王子和公主享受特权是因为血缘关系,而不是因为他们具有美德。如之前提到的,在许多传统的社会,任人唯亲并不是犯罪,而是一种家庭义务。这种家庭直觉传染给了政府,政客们提拔他们的子女和兄弟姐妹,而不用最适合的人选,因为他们是一家人。

然而,群体直觉使我们同其他动物区分开来。它使我们认同更大的、具有某种标志性的群体,如种族、宗教或国家。大多数人除了家庭外还长期属于某一个社交群体,并在情感上依附于这个群体,比如得克萨斯人或者哈佛大学校友。许多人愿意与自己的种族或宗教群体同生共死。许多人的情感生活围着一个球转——棒球、篮球或足球,这一奇怪的事实似乎也源于同样的群体直觉。如果你看自己支持的球队比赛时会激动,而看其他队比赛则感觉没那么刺激,即便他们的表现更出色,那么,你就遵循了群体直觉。如果令你最开心的是球赛的质量,而不是你所支持球队的胜利,那么,你就将自己对球赛的热爱从你的群体身份中解放出来了。然而,能做到这点的人很少。当美国媒体在报道奥林匹克运动会时,他们几乎只报道美国运动员,即便是其他人赢得了赛事,而意大利人也只会报道意大利球员。团队运动似乎并不只代表运动本身,而是为了满足我们的群体直觉。

为什么会进化出这种群体直觉呢?达尔文给了一个答案:

> 一个部落中有许多成员,他们拥有高度的集体主义精神、忠诚、服从、勇气和同情心,他们永远准备着相互帮助,或是为了共同利益而牺牲自己,这样的部落能够在与其他大多数部落竞争时获胜。这就是自然的选择。

人类学研究表明,大多数传统人类文化深受社会标准影响,他们支持对团体中所有人的忠诚和慷慨,这样就能减少内部冲突,这与达尔文的观点是一致的。"一致"会通过尊重和合作而得到保障,而不尊重、嘲笑和退出合作的行为则会遭到惩罚。

在战争时期，毫不犹豫地为集体牺牲生命被誉为英雄主义。那些脱离了这一行为标准的人会受到他人的审查和惩罚，但这些标准往往是内在化的，不需要强制执行。

然而，群体直觉并没有消灭家庭直觉，两者会发生强烈的冲突。如果一个政客安排的亲属接替自己的位置或创造一个世袭的家族，那么他的家庭直觉会给国家帮倒忙。战争是这些直觉起冲突的另一个场所。父母送孩子去参军时，他们的爱国主义和忠诚情感会与对孩子的责任感发生冲突。当有权势的人将自己的家庭利益凌驾于国家利益之上，就会引发道德愤怒。比如，当有消息说，所有美国的参议员和众议员中只有一人的儿子参加了伊拉克战争时。

认同与竞争是一枚硬币的两面。如果没有能轻易区分竞争部落的标示，群体直觉也无法运用。方言和肤色常用以划分不同群体的边界，但更常出现的是象征性的标志，如制服、宗教物品和旗帜。人们用生命来保护宗教物品不被滥用，或旗帜不被占领。似乎任何象征都可以用来定义一个群体，即便它是任意创造的。社会心理学家亨利·塔菲尔（Henri Tafel）的"最小群体"实验就说明了这一现象。波兰犹太人出身的塔菲尔在大屠杀中几乎失去了所有的亲人和朋友，于是他对一些问题产生了永久的兴趣，比如"群体身份是怎样形成的""为什么会发生种族灭绝"和"如何结束那些在错误的时间加入错误群体的人的痛苦"：犹太人在反犹太人的世界里，外国人在一个恐惧外国人的国家，或者女人在性别歧视的文化中。在实验中，他将人们任意分组。不管某人被分在哪一组，他都会迅速开始善待"部落"成员，排斥"部落外"成员。然而，一旦问他们为什么会这样做，他们也说不出个所以然。如脑裂患者的事后解释一样，群落成员对自己的歧视行为也给出了合理的说法：部落外成员多么讨厌、多么不道德。这些实验调查是在可控条件下进行的，这种现象也常发生在学校中：孩子们总是自发分组、站到了一起，不公正地对待那些不合群的人。

群体直觉建立在互利主义的基础之上。在《人类的起源》一书中，达尔文得出了一个结论——互利主义是道德的基石。达尔文把互利主义——我给你什么，你就得还我什么，叫作社交直觉。交换的可以是物品和金钱，也可以是道德支持和反对。我支持你的信仰、努力和神圣的价值观，同时我也希望你能支持我的。社会契约就是基于信任和互利主义的结合。比如，以牙还牙就是一种与他人交流的方式，你信任我在先，然后，我还你以信任（见第三章）。我信任你，向你提供一些东西，我也希望得到你同样的回报。相反，从长远看，盲目信任不会在一个社会中作用太久，因为会出现不劳而获的骗子。因此，人类大脑中有一个机器，它能保护社会契约不被利用。它就是一台自动的注意设备，能够及时识别受欺骗的情境。为了侦查和驱逐这些骗子，人类大脑就需要诸如人脸和声音识别的能力，还需要情感设备，比如内疚、嘲笑、生气和惩罚的感觉。

有利于家族的家庭直觉和能帮助识别的群体直觉是道德和利他行为的两种根源。这些基本的直觉被诸如甄别骗子之类的特殊社交能力加以利用。下面让我们详细讨论社会的黏合剂——信任。

信 任

我们可以根据一个人面部表情中的线索,推断他是否值得信任。在1960年击败共和党候选人理查德·尼克松的民主选举运动中,这些提示就得到了充分的利用。在选举运动中,有人拿出一张尼克松的照片,照片上的尼克松嘴唇很薄,满脸胡楂,眼神黯淡。照片的标题写着:"你会从这个男人手上购买二手车吗?"在现代民主政治中,信任有着很高的地位。除了高端的信息技术产业、热门的保险行业和纷繁的律法,很少有经济交易或个人关系能在没有进行信任检测的前提下得到发展。

你也许会认为,信任是社交生活中的黏合剂;人们也在抱怨,只有过去的美好日子中,你才敢于信赖别人。然而,文化史学家尤特·弗雷福特(Ute Frevert)认为,当今社会人与人之间的信赖是远超过从前的。马丁·路德提醒人们不要相互信任,劝告人们相信上帝。然而,在19世纪,人们对上帝的信任减少了,对同类的信任却多了——虽然只在某些群体之间。人们相互信任,丈夫信任妻子,家庭成员信任其他家庭成员;不过,未婚男女之间的信任就值得怀疑了。工作结构的改变以及城市化进程，都在突显信任的重要性：劳动的大范围分工迫使人们必须学会相互信赖；群体人数太多，很难监督到每一个人；逐渐增强的流动性。原始社会对信任的需要相对较少：群体小，可随时相互监督。你越能掌控和预测他人的行为，你对信任的需要就越少。

在不确定的技术领域相互合作，需要巨大的信任，并使之成为现代群体直觉的命脉。我们将钱托付给银行，门铃响了就打开门，将信用卡号告诉陌生人。发现家中被盗，我们会生气；可如果盗贼是我们的保姆，我们会同时感到愤怒和背叛。保姆的行为既给我们造成了物质伤害，也造成了心理伤害，这种伤害摧毁了信任。若没有信任，人与人之间就没有持续的大规模合作，交易也会变少，夫妻也不会和睦。为什么会这样呢？本杰明·富兰克林曾说过："在这世界，除了死亡和税收，没有什么是确定的。"在大型社会中，不确定性问题应该由信任，也必须由信任来解决。

透明度带来信任感

美联储前主席艾伦·格林斯潘（Alan Greenspan）曾说："如果你认为我说得特别清楚，那么，你一定误解了我的意思。"他还有一个著名的回答："我知道你认为自己明白了你所理解的我的意思，可我不确定你是否意识到你所听到的并不是我想表达的。"我们无法判断格林斯潘是在说心里话，还是他那隐晦的言语（著名的"格林斯潘体"）之下仍有所保留。被誉为"宏观经济魔法师"的格林斯潘在离职后，没人能继续他的政策——他的所有隐性知识和专家预感似乎深埋在他的头脑里。

莫文·金（Mervyn King）是英国央行的行长，其地位相当于美联储的主席。午餐时，他给我讲了一个故事。他进入英国央行的时候，便问艾伦·格林斯潘的前任保罗·沃尔克（Paul Volcker）能否在新工作上给予他指导。沃尔克的建议只有两个字："神秘。"然而，金在面对大众时，选择了与之相反的方法：透明。央行在预估来年的通货膨胀率时，不只是给出一个数据，比如1.2%，好像这就是一个无可争议的事实。它还将委员会的讨论在互联网上公开，包括对某个估值的所有赞成和反对意见，这就让每个人都能了解到决策流程。此外，央行还明确说明这个预估并不是确定的，并指出不确定的范围，比如，在0.8%~1.5%之间。金采用这一透明体系时，一些政治家感到很惊讶："你是在说你不能准确预测吗？"事实是，准确只是一种幻觉。公开不确定的东西，有助于提醒决策者们解决即将到来的问题，从而阻止危机发生。十年内，透明政策就使央行成为英国最值得信任的机构。金离职时，每一个人都知道如何将他的政策继续下去。用金的话说："透明性并不只是提供确切的数据那么简单。它是经济策略的一种方法，也几乎是一种生活方式。"

在一些国家，许多执政者可能会向公众隐瞒一切不确定的迹象，并以"保护"公民为借口，好像他们还是孩子。然而，公众也不是傻子，他们能看清这个游戏。于是，这些政治家就造就了一种不信任的风气，从而引发公众对政治的不关心和冷漠。盖洛普民意测验对47个国家的公民进行了调查，发现议会和国会，可能还有主要的民主议事机构，是所有机构中最不受信任的。就连跨国公司和工会得到的信任都比它们多。

神秘的政策和错觉般的决策摧毁了公众对各机构的信任和对法律的遵守。英国央行的例子表明，还有另一种可行的选择，即透明，它既能创造信任，又能保障公民的知情权。

模 仿

如果你曾读过任何一本关于决策的书，你会被告知，人脑就是一个忙到停不下来的利弊分析师，它每天要做几十甚至几百个决定。我们干脆问人们如何能避免不停地做决定，这样不是更实在一些吗？所有的大脑和机器都不应该自己做全部的决定，因为信息和时间都是有限的。因此，向别人寻求意见是可行的，或者只需模仿他们的行为。许多美国人每天要换一次甚至两次衣服，而大多数欧洲人要穿几天才脱下来洗。不管他们对于干净的标准是什么，这种行为是不需要每天早上做决定的，它只是效仿别人的结果。小时候，我们模仿父母吃东西和说话；

之后，我们跟随公众和职业角色模型。当知识和时间有限时，模仿不仅是有意决策的捷径，它还是保证文化信息代代相传的三大流程中的一种——其他两种是教育和语言。若没有这些，每一个小孩都得从头开始，通过个人经验学习。许多动物就不会这种文化学习。即便在其他灵长类动物中，模仿和教授也是有限的，就连语言也只有最基本的形式。下面，我将区分两种基本的模仿形式：

> 跟着你同龄的大多数做。
> 跟着成功人士做。

如果你觉得某个奇怪的人令你钦佩，就模仿她的奇怪之处，那么就不属于从众。但是，如果你发现她的行为难以忍受，然后跟着你的其他朋友做，那么就算是从众。这个经验法则形成了我们对于自己喜好什么、尊敬什么、厌恶什么的直觉。毫无疑问，我们很容易成为滚石乐队的粉丝或骑哈雷摩托的人，如果我们的同龄人都这样做的话。模仿大众的行为，这种做法满足了群体直觉，因为，加入某个群体能创造一致性，还能与其他人员区分开。同样，模仿成功的群成员能提高将来在该群体中的地位，如果别人也这样做，还能增强一致性。

两种模仿形式本身没有好坏之分。在技术发明和工业设计方面，模仿成功者是主要的策略。莱特兄弟成功遵循了这种模仿原则，他们的飞机就是模仿了奥克塔夫·沙尼特（Octave Chanute）的滑翔机，而其他试图模仿信天翁和蝙蝠飞行的人注定会失败。成功的模仿也取决于环境的结构。适合模仿的结构特征包括：

- 相对稳定的环境
- 缺少反馈
- 失误造成的严重后果

在稳定的环境中进行模仿是有好处的。子女如何经营父亲留下的公司呢？当商业环境相对稳定时，给子女的建议就是模仿成功的父亲，而不是冒着未知的风险采用新的政策。

反馈较少的时候，模仿也是有效的。我们也常常无法判断自己的选择是否是最好的。严厉管教下的孩子道德水平更高，还是放养下的孩子道德水平更高？靠经验是不可能回答这个问题的。大多数家庭的孩子并不多，所以，抚养的成果要很久以后才能看到。即便到那时，父母也不知道，如果他们之前换一种方式教育，会出现怎样的结果。"反馈有限"在某些决策中非常典型，比如大学毕业后该干什么，以及对于那些只有在很久以后才能看到结果的重复事件。在这些情况中，模仿是能起到作用的，尽管个人学习本身有很大的局限性。

在可能产生严重后果的情况中，模仿也能起到作用。只凭借个人的经验去了解森林中的浆果哪些是有毒的，这很显然是下策。此时，模仿能救你的命，尽管它可能造成假警报。我小的时候，有人郑重地告诉我，吃过樱桃后千万不能喝水，不然就会生大病，甚至会死。我和所有人一样，从小到大一直遵循这个教诲。没有人问过其中的原因。一天，我和一位英国朋友一起吃樱桃，他从没听过这个说法。当他伸手去拿水杯时，我试图阻止他，救他的命，可他只是笑。他喝了一小口水，什么事也没有，于是我不再相信那种说法。但是，我仍然不会反复加热蘑菇，只因为曾有人告诉我这样做很危险。

那么，什么时候模仿是无用的呢？如之前提到的，当世界急速变化时，模仿就不如自主学习。再来看之前的例子，儿子继承了父亲的公司，照搬父亲成功的经验，在十年内赚了很多钱。可是，如果环境迅速变化，在全球化市场中，之前的获胜策略就可能导致破产。总之，当变化缓慢时，模仿传统的经验可能取得成功；当变化迅速时，模仿就可能失败。

文化变革

模仿是一种迅速掌握某种文化中的技能和价值观，以及使文化进化继续进行的方法。然而，如果大家都在模仿，那么，就不可能发生变化。社会变迁似乎是心理因素和经济及进化过程共同的产物。

不知道规则反而能够改变规则

　　引起社会变迁，有多种途径，其中包括令人称颂的英雄主义行为。1955年，在阿拉巴马州的蒙哥马利，一个名叫罗莎·帕克斯（Rosa Parks）的黑人女子在车上拒绝将她的座位让给白人男子，于是她因触犯了种族隔离法而被逮捕。由年轻的马丁·路德·金领导的黑人运动积极分子联合抵制公交系统持续了一年多，在那段时间内，金的家被炸毁了，家人面临威胁，直到最后，他们终于实现了废止公交系统种族歧视的目标。她拥有敢于违法的勇气和为理想而忍受惩罚的意愿，这个激励人心的例子说明了心理因素如何促进社会变化。

　　我的一位好友是美国著名大学的教授，走过一段辉煌的事业历程，她已接近退休。被评为青少年选美皇后后，她将时间和精力投注在学业上，并于20世纪50年代中期以优异的成绩取得了学士学位。于是，她问导师，要实现自己的学术目标，还需要做些什么，并问他是否能帮她写一封去哈佛和耶鲁大学上学的推荐信。导师吃惊地看着她："亲爱的，你可是个女孩啊！不，我不会写推荐信的。你太过聪明了。你会抢了男人的饭碗。"我的朋友很震惊，差点哭了出来。她从没意识到这点：之所以自己的教授都是男的，原因很简单——女人不能进入这行。导师如此强硬地拒绝了她的请求后，她并没有对这种不成文规则感到生气，而是为自己的失礼感到深深愧疚。然而，她的情感反应和决心打动了其他教授，于是他们决定像对男学生一样，帮她写了推荐信。最终，她成为其所在学科的第一位女教授。她那天真的无知帮助她打开了事业之门，她也因此成为许多女人的楷模。我猜，她要是和其他女人一样，多了解一点女性在学术界的地位，便连试都不敢试了。

无知的力量加速社会变化在文学中是常见的情节。在瓦格纳《尼伯龙根的指环》中的众多英雄之中，西格弗里德是最无知的。西格弗里德从小无父无母。他是一个天真的英雄，行为冲动，就连那些奇遇也是偶然碰到的，并非事先计划的。他的无知和不惧就是他最终打倒上帝的法则的武器。瓦格纳最后一部作品中的主角帕西法尔和西格弗里德很相似。从小跟随母亲在孤独的森林里长大，他开始寻找圣杯时，对外面的世界还一无所知。西格弗里德、帕西法尔和其他类似的角色的力量就来自他们对社会法则的无知。就像我同事年轻时一样，这位天真的英雄似乎很鲁莽、很幼稚，不尊重社会传统。对现状无知，并因此缺乏尊重，这是改变社会规则的有力武器。

英雄们的直觉性行为是基于无知，可即便是基于错误的信息，"我能做成它！"这种直觉达至成功。找到去印度的西方航线是克里斯托弗·哥伦布的梦想，他在实现这个梦想时也遇到不少资金方面的问题。他那个时代的人认为他对到印度的距离的计算是错误的，而他们才是正确的。尽管哥伦布知道地球是圆的，可他还是低估了它的半径。最终，他拿到了钱，出发，却发现了另外的地方——美洲。他如果知道印度有这么远,可能就不会远航了。要注意的是,哥伦布自己并不觉得这是新的发现,直到死的时候,他都以为自己发现的新大陆就是印度。

我们能系统地利用无知的这种积极潜力吗?比如,当我成为马克斯·普朗克中心主任时,我从我的前任那里"继承"了几名成员。于是,立刻有好心人要告诉我这些员工的社交和职业缺点。我拒绝了。我并不是要知道员工的一切,而是要给他们改变的机会。造成职业紧张的并不只是个人,还有其工作的环境。既然我要创造一个新的环境,这些员工就有机会摆脱别人对他们的描述——这是一个所有员工都会利用的机会。

无知的力量很大,但它本身并不是某种价值观。它能促进以上情形中的社会变化,但还远不足以成为通用的方法。我讲的故事都有很大程度的不确定性和不可预测性。无知对于解决那些需要效率和专业知识的日常问题成效甚微。

难 堪

2003年,在英国怀特岛,校车上的情况非常糟。孩子们在车上打架、对骂,甚至把座位丢出车窗外,让司机不能专心看路。大多数孩子的行为,是在将大家的生命置于危险中。司机并不想将这些捣蛋鬼丢在路上,可最终他不得不这样做,甚至还打电话叫警察。可即便这样严厉的措施也起不了作用。于是,怀特岛的犯罪和疾病中心负责人采用了一个简单但很有效的措施。她将那些闹事的孩子和同龄人分开,用一辆叫作"粉红珍珠"的校车载他们。校车及颜色都是经过认真挑选的。那是一种最古老的交通工具,上面没有暖气,还漆着最捣蛋的男孩们认为最不酷的颜色。那些不听话的孩子们觉得,让别人看见自己在这样的车上很丢脸,他们要么遮住脸,要么躲在车窗下,不让别人看见。结果,校车上打架的事件大大减少了。可见,使他们难堪比找警察更管用。

运用社会程序进行威慑,比身体惩罚更加有效,这样的观点并不新鲜。在中世纪的欧洲,许多罪犯被强制戴上耻辱面具,并将其罪行示众。代表耻辱的长笛面具是给那些滥竽充数的音乐家准备的,猪头面具则是给那些虐待女性的男人准备的,而羞耻的头巾是给那些坏学生准备的。设计出能引发犯罪情感(难堪、耻辱和负罪感)的环境,是打压离经叛道行为的好方法,不管这些行为出于何种原因。

嘲笑也是一种影响人们行为和信念的有效工具。在我爷爷居住的巴伐利亚小镇,人们总是睡不着觉,要么就是被噩梦惊醒,然后不敢睡觉。这种普遍的痛苦来自一个可怕的传说:一个像巫婆一样的人,手脚上长着毛,名叫特鲁德(Trud)。晚上睡觉的时候,她会重重地坐在你的胸口,让你呼吸困难。她特别喜欢折磨孕妇和鹿。在巴伐利亚和奥地利,有关人们遭受特鲁德折磨,甚至被她闷死的民间故事多不胜数。就像其他民间故事一样,特鲁德存在的事实很难反驳,因为很多大人都见过她。

认为她不存在的说法根本站不住脚。

不过,所有的这些在第二次世界大战期间发生了改变,那时,巴伐利亚的小镇上到处都是士兵。他们住在农舍里,与主人和他们的仆人一起吃饭。用餐时,一些农民抱怨特鲁德又坐在他们胸上,将他们压醒。战士们从没听说过特鲁德的故事,于是开始笑他们。当地人坚持认为特鲁德的故事是真的,士兵们则发出一阵大笑。被嘲笑了几番后,当地人因害怕被嘲笑,就不再提特鲁德的事了。可是,尽管他们不提,也还是相信特鲁德真的存在,不过,因为他们不敢在公共场合提起,所以,在他们后人的记忆中,也不再有特鲁德的影子了。如今,在巴伐利亚,很少人听过特鲁德的故事,即便做了噩梦,人们也会归于其他原因。

谣言能摧毁城墙

1989年11月的一个夜晚,柏林墙倒了。11月9日,临近半夜时分,几千名东德人冲出第一道关卡,凌晨1点,所有的边界都打开了。在那个难忘的晚上,柏林人在勃兰登堡门前的城墙上跳舞,为东柏林人能进入西边而欢呼。人们手拿鲜花,眼噙泪水。没有哪位政治家料到柏林墙会倒,哪怕提前一天也不曾预料到。不知所措的东德总理垂头丧气地问:"是谁让情况变得这么糟?""不可能。简直太不可思议了!"西德总理高兴地说。包括中情局和乔治·布什总统在内,每一个人都感到很惊讶。

这堵墙将柏林分隔了近30年。高15英尺，长28英里，由混凝土建成的柏林墙，横跨在城市之间，墙上安了铁丝网，周围还有警戒塔、地雷和特别警备设施。曾有一百多人为了翻过墙逃到西德去而丧了命，还有数千人因翻墙未遂而被逮捕。在1989年初，东德总理还声称这座墙在50甚至100年内都会屹立不倒。对于东德来说，自由往来，看似一点希望都没有。然而，匈牙利政府打开通往西德的边界后，东德政府迫于强大的压力，不得不让东德人经匈牙利逃到西德去。当捷克斯洛伐克也打开边界后，有成千上万的人通过这条捷径涌入西德。每周一，成群结队的东德人举行游行示威，为了争取民主的公民基本权利：自由交往、言论自由和自由选举。这是一种政治变化的现象，可没有人知道它是如何发生的。

11月9日，东德政府做出反应，宣布了一项有关出境的新的指导方针，也只是比原来的限制稍微松了一点。公民首先得申请护照（大多数人都没有护照），然后再办签证。这些申请工作一般需要几个月时间，需要办理很多烦琐的文件，即便这样，签证也很有可能被拒绝。新方针也只是承诺加速这个过程。傍晚6点，新任东德中央政治局委员会秘书君特·沙博夫斯基（Günter Schabowski）召开了长达一个小时的媒体会议，在会议的最后才提到了新方针。沙博夫斯基没有参加政府会议（会上就讨论了以上这些问题），他看起来面色憔悴、工作过度，支支吾吾地读着明显不熟悉的文件。那些知情的、细心的参会者们意识到方针并没有多大变化——还是以往的东德政治。一名意大利记者问新的法律什么时候生效。沙博夫斯基似乎并不知情，他犹豫了一会儿，看着手中的文件说："立即生效。"晚上7点，会议结束了。

尽管大多数记者并不感到兴奋，可是，那名意大利记者冲了出去，不久，他所在的单位很快就散出消息说"柏林墙倒了"。这篇报道歪曲了沙博夫斯基的意思。同时，一位不懂德语的美国记者将会议的意思理解成柏林墙开放了，于是，美国国家广播公司也报道说，从明早起，东德人可以任意穿过柏林墙了。晚上8点，西德电视新闻在很短的时间内用自己的语言总结了媒体会议，电视上还放着沙博夫斯基说"立即生效"的画面，报道最后还加了一个标题"东德开放边界"。其他新闻机构也打着如意算盘加入了这次讨论，并错误地报道说，边界已经开放了。西柏林附近的一家咖啡店的服务员还和他的客人一起，拿了一瓶香槟，来到边界，准备与不知所措的守卫举杯庆祝。守卫觉得这是一个冷笑话，于是拒绝了他们，并把他们送了回去。然而，这个谣言传到了在波恩的西德国会成员耳里，当时他们正在开会。他们被深深感动了，有的眼里泛出了泪水，代表们站起来，唱起了德国国歌。正在看西德电视的东德人非常渴望融入新闻上报道的场景。一个极其遥远的梦想似乎已经实现了。先是几千，后来变成几万名东德人跳进车里，或是走路，来到各个边界通道。愤怒的市民要求打开通道，守卫一开始拒绝了。可是，来势汹汹的市民纷纷挤向他们，其中一个通道上的官员担心自己的士兵被踩死，最终打开了关卡。很快，所有的通道都打开了。没有开枪，也没有流血。

这个奇迹是如何发生的呢？西德多年的外交谈判和财政补偿都没能成功。致使柏林墙突然倒塌的原因原来是人们的一片痴心和随之而来的、未经证实的谣言如野火般蔓延的结合体。发生这样的事，政府和市民们一样震惊，有计划的暴动很容易就被坦克和士兵镇压，这样的事1953年就曾发生过。人们的主观愿望之所以能够蔓延，是因为，新的方针是匆匆拼凑起来的，没有正规的出版社发行，于是记者们就想当然地报道。然而，如果媒体和柏林的市民们看着沙博夫斯基的脸，仔细听他说话，那么，这晚便什么事也不会发生，第二天柏林也还是那个一分为二的柏林。然而，柏林墙倒了以后，总理和沙博夫斯基迅速转变观点，并因打开了边界而获得好评。

谣言和主观愿望的本质往往是消极的、有意的、有根据的推理一般会避开或者替代它们。然而，就像深思熟虑和谈判一样，它们也可以产生强大的积极作用。据说，一名西德政府高官在全程观看新闻发布会后，认识到东德无意做出改变后就去睡了。在这个历史性的夜晚，他却睡着了，只因他知道得太多。

在西方的思想中，直觉是以最确切的知识形式开始，最终却被嘲笑成一种易变的、不可靠的人生指南。人们曾以为，天使和灵魂的直觉是透彻无比的——远胜过人类的推断,哲学家们说,是直觉让我们"看见"数学和道德中那些清楚的真相。然而,在今天,直觉越发与我们的内心而不是大脑相关联,并且从天使般的确然变成了纯粹的情感。然而,直觉并非完美,也非愚蠢。如我之前所说,它们利用了大脑进化的能力,并以能让我们快速、准确地行动的经验法则为基础。直觉的质量在于无意识的智慧:不用思考也知道在什么情况下该用什么原则的能力。我们已经明了,直觉胜过了大多数复杂的推理和计算策略,也已知道如何利用它们,不让它们把我们带入歧途。可是,直觉并没有方法可言。而且,若没有它,我们能做成的事很少。

在本书中,我邀请你进入广袤的直觉的未知领地,它笼罩在不确定的迷雾中。对我来说,这是一场奇幻的旅程,直觉的力量带给我的惊讶以及迷雾消散时的惊喜。我希望你也热衷于对无意识智慧的探索,你有许多理由去相信你的直觉!

致　谢

过去七年来，我在马克斯·普朗克人类发展中心进行了许多研究，正是这些研究带给我灵感，让我动笔写就本书。本书讲的是我们对于直觉的认识，这是一本兼具趣味性和可读性的书，并不是学术文章。我将真实的案例和心理学观点结合，期望能激励读者们认真地看待直觉，明白它们的来龙去脉。

感谢那么多亲爱的朋友和同事们来读它、评论它，并在写作的各个阶段给予帮助，他们是：彼得·艾顿（Peter Ayton）、卢卡斯·巴赫曼（Lucas Bachmann）、西蒙·巴伦科恩（Simon Baron-Cohen）、南森·伯格（Nathan Berg）、西恩·贝洛克（Sian Beilock）、亨利·布莱顿（Henry Brighton）、阿恩特·布罗德（Arndt Bröder）、海伦娜·克罗林（Helena Cronin）、乌维·克因科夫斯基（Uwe Czienkowski）、塞巴斯蒂安·克斯柯夫斯基（Sebastian Czyzykowski）、洛林·达斯顿（Lorraine Daston）、曼迪普·哈密(Mandeep Dhami)、杰夫·艾尔曼(Jeff Elman)、厄休拉·夫利特勒(Ursula Flitner)、沃尔夫冈·盖斯梅尔(Wolfgang Gaissmaier)、塔利娅·吉仁泽(Thalia Gigerenzer)、丹尼尔·戈德斯坦(Daniel Goldstein)、李·格林(Lee Green)、达格玛·古洛(Dagmar Gülow)、乔纳森·海特(Jonathan Haidt)、彼得·汉默斯坦(Peter Hammerstein)、拉尔夫·赫特维希(Ralph Hertwig)、乌尔里希·霍夫瑞奇(Ulrich Hoffrage)、丹·霍兰(Dan Horan)、约翰·哈钦森(John Hutchinson)、提姆·约翰逊(Tim Johnson)、君特·约里兹(Günther Jonitz)、康斯坦蒂诺斯·卡斯柯珀罗斯(Konstantinos Katsikopoulos)、莫妮卡·凯勒(Monika Keller)、莫文·金(Mervyn King)、哈特穆特·克里门特(Hartmut Kliemt)、阿尔克·库兹米尔克(Elke Kurz-Milcke)、朱利安·马热斯基(Julian Marewski)、劳拉·马蒂格隆(Laura Martignon)、克雷格·麦肯齐(Craig McKenzie)、丹尼尔·麦伦斯坦恩(Daniel Merenstein)、约翰·莫纳罕(John Monahan)、韦布克·穆勒(Wiebke Möller)、安德里亚斯·奥特曼(Andreas Ortmann)、索斯滕·帕丘(Thorsten Pachur)、马库斯·拉布(Markus Raab)、托斯坦·雷蒙(Torsten Reimer)、尤尔根·罗斯巴哈(Jürgen Rossbach)、厄娜·斯夫兹(Erna Schiwietz)、拉伊尔·斯古勒(Lael Schooler)、丹尼斯·谢弗(Dennis Shaffer)、琼·希尔克(Joan Silk)、

保罗·斯尼德曼（Paul Sniderman）、正则丽子（Masanori Takezawa）、彼特·托德（Peter Todd）、亚历克斯·托多罗夫（Alex Todorov）和马伦·沃尔（Maren Wöll）。

尤其感谢罗娜·盎劳（Rona Unrau）对书稿进行了编辑。此外，她还帮助我研究了几个主题，让本书的结论更为站得住脚。维京出版社的希拉里·雷德蒙（Hilary Redmon）、朱莉·巴尔巴托（Juli Barbato）和凯瑟琳·格里格斯（Katherine Griggs）也为本书的最后润色提供了莫大帮助。还有我的妻子罗琳·达斯顿（Lorraine Daston）和女儿塔利娅·吉仁泽（Thalia Gigerenzer），在我创作本书的四年里，她们也给了我知识和情感上的支持。马克斯·普朗克人类发展中心给予了我特别支持，本书受益于其杰出的资源和浓厚的知识氛围。它对研究者来说无异于天堂。

出版后记

有这样一个故事：蜈蚣有很多腿，各腿配合默契，走起路来健步如飞。壁虎见了很好奇，就问蜈蚣："你走路的时候先迈哪条腿？"蜈蚣听了脑袋一热，心想：是啊，我光顾着走路了，怎么从没有思考过这个问题啊！于是，蜈蚣开始注意自己的步伐了，但是先迈哪条腿都觉得别扭，久而久之竟然不会走路了。

走路这件事本是不需要思考的，蜈蚣偏要让理智介入进来，就是把简单的问题复杂化了，结果适得其反，它就是吃了"想太多"的亏。有统计显示，人生真正值得深思的事不超过5%，而大多数人总是抱定凡事"三思而后行"的宗旨，轻则患上拖延症，重则想得越多错得越多。为什么在大多数情况下，"不思考"反而比"三思"效果更好呢？全球最具影响力的决策管理大师、心理学家格尔德·吉仁泽对这个问题进行了系统性的解答。

在生活中许多看似平淡无奇的现象下面，往往隐藏着奇妙的心理学原理。人类的身体里天生就内置了"无意识的智慧"，在这个不确定的世界，这一智慧让我们瞬间做出决策，事后看来，电光火石之间做出的决策和千思万虑之后的结果相比非但不差，甚至要更好。本书通过大量的经典实验和真实案例，为我们揭示了"无意识的智慧"中蕴含的心理机制和生理基础，并在此基础上提供了很多指导现实决策的法则，帮助读者快速决断，在刹那间的决策中把握永恒。

本书是当之无愧的大师之作，难能可贵的是，匠心独运的作者用一个个鲜活案例带领读者进入思维决策的世界，读来毫无冗长乏味之感，却有醍醐灌顶的酣畅。寄望本书读者，在别人哀叹"当时明明知道"的时候，你已轻舟飘过万重山。

服务热线：133-6631-2326　188-1142-1266

读者信箱：reader@hinabook.com

后浪出版公司

2018 年 3 月

图书在版编目（CIP）数据

直觉思维：如何构筑你的快速决策系统 /（德）格尔德·吉仁泽著；余莉译. -- 北京：北京联合出版公司，2018.6
ISBN 978-7-5596-1942-6

Ⅰ.①直… Ⅱ.①格…②余… Ⅲ.①直觉思维—通俗读物 Ⅳ.① B804-49

中国版本图书馆 CIP 数据核字 (2018) 第 073638 号

GUT FEELINGS: The Intelligence of the Unconscious
Copyright © Gerd Gigerenzer, 2007. All Rights Reserved.
本书中文简体版权归属于银杏树下（北京）图书有限责任公司。

直觉思维：如何构筑你的快速决策系统

著　　者：［德］格尔德·吉仁泽
译　　者：余　莉
选题策划：后浪出版公司
出版统筹：吴兴元
特约编辑：高龙柱
责任编辑：夏应鹏
封面设计：棱角视觉
营销推广：ONEBOOK
装帧制造：墨白空间

北京联合出版公司出版
（北京市西城区德外大街 83 号楼 9 层　100088）
天津翔远印刷有限公司印刷　新华书店经销
字数 130 千字　889 毫米 ×1194 毫米　1/32　8 印张　插页 4
2018 年 9 月第 1 版　2018 年 9 月第 1 次印刷
ISBN 978-7-5596-1942-6
定价：42.00 元

后浪出版咨询(北京)有限责任公司
常年法律顾问：北京大成律师事务所　周天晖 copyright@hinabook.com
未经许可，不得以任何方式复制或抄袭本书部分或全部内容
版权所有，侵权必究

本书若有质量问题，请与本公司图书销售中心联系调换。电话：010-64010019